STUDY GUIDE BOOK

Air Brush

집 필 진 임희경(서경대학교 미용예술학과 교수)
HUO TAO(서경대학교 미용예술학과 교수)
WU ENPENG(서경대학교 미용예술학과 교수)

SEO KYEONG UNIVERSITY SINCE 1947 서경대학교 미용교재개발 연구회

청구문화사

Contents

Lesson 1

에어브러시
Air Brush

Lesson 1. 에어브러시 Air Brush

1. 에어브러시의 개요

1) 에어브러시 란

자료조사 이미지 삽입

2. 에어브러시의 역사

자료조사 이미지 삽입

3. 에어브러시의 분사원리

자료조사 이미지 삽입

4. 에어브러시의 사용범위

자료조사 이미지 삽입

5. 에어브러시의 장·단점

1) 에어브러쉬의 장점

2) 에어브러쉬의 단점

Lesson 2

에어브러시 사용 도구
Air Brush tools

1. 에어브러시의 분류

1) 분사 방법에 따른 에어브러시의 분류+-

(1) 에어브러시 싱글 액션(Air Brush single action type)

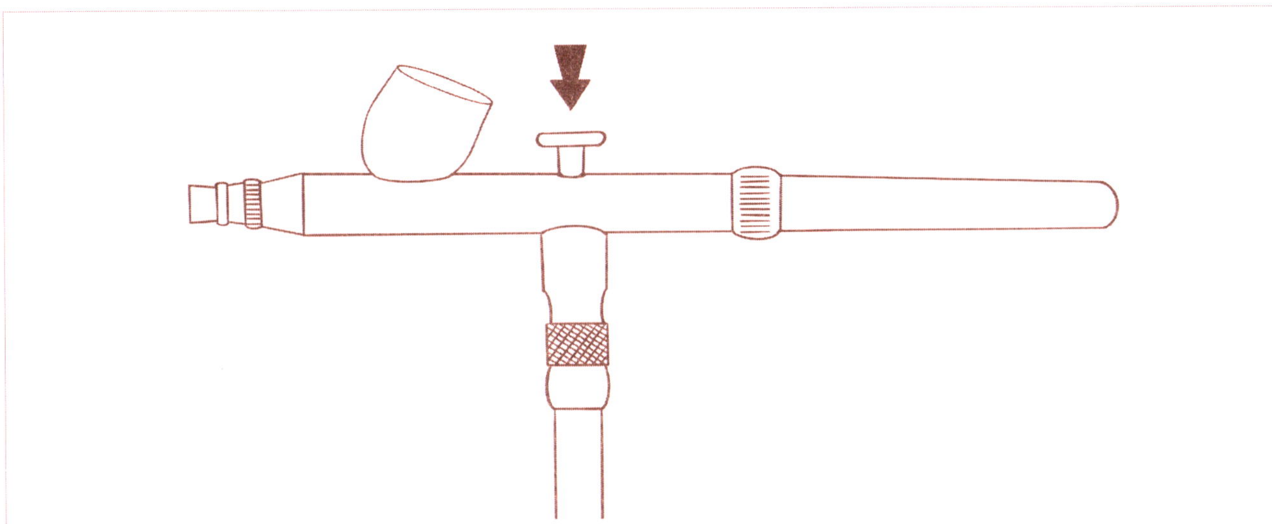

(2) 에어브러시 더블 액션(double action type)

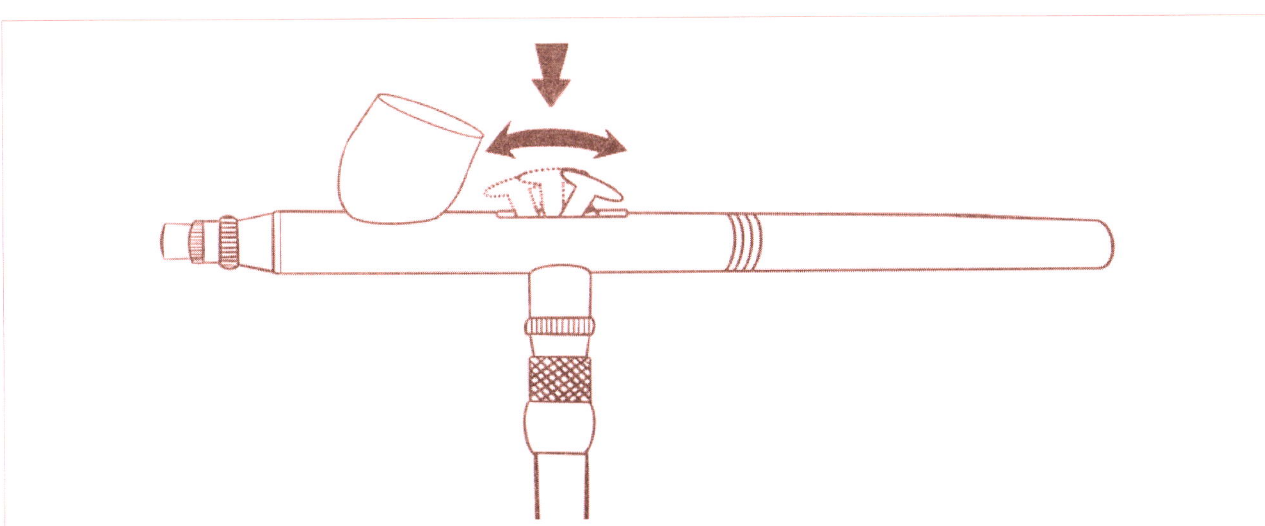

2) 형태에 따른 에어브러시의 분류

(1) 컵 타입(cup type) 에어브러시

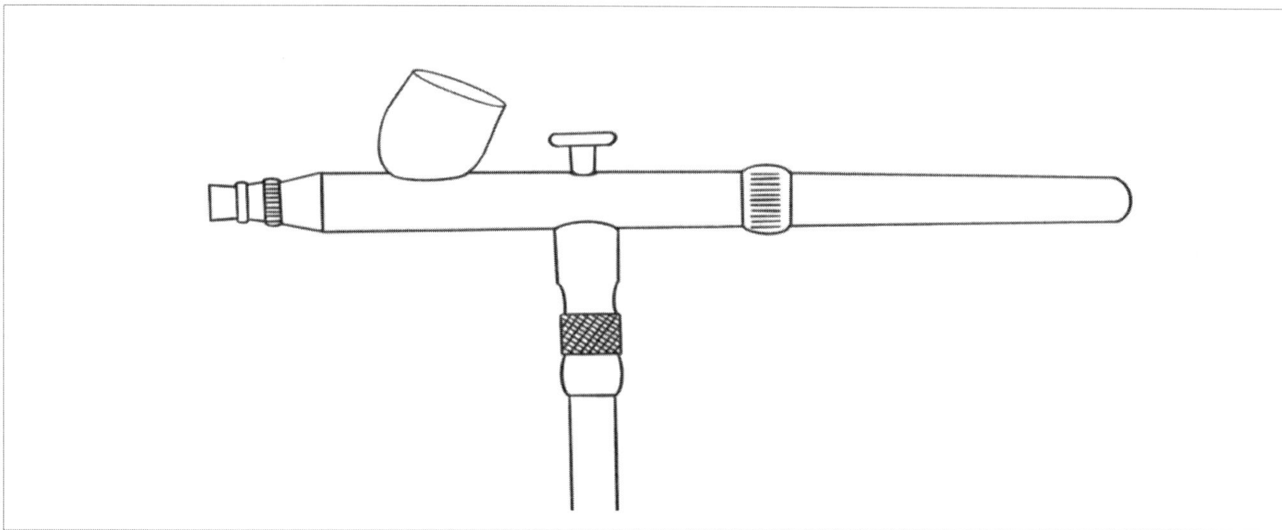

(2) 보틀 타입(bottle type) 에어브러시

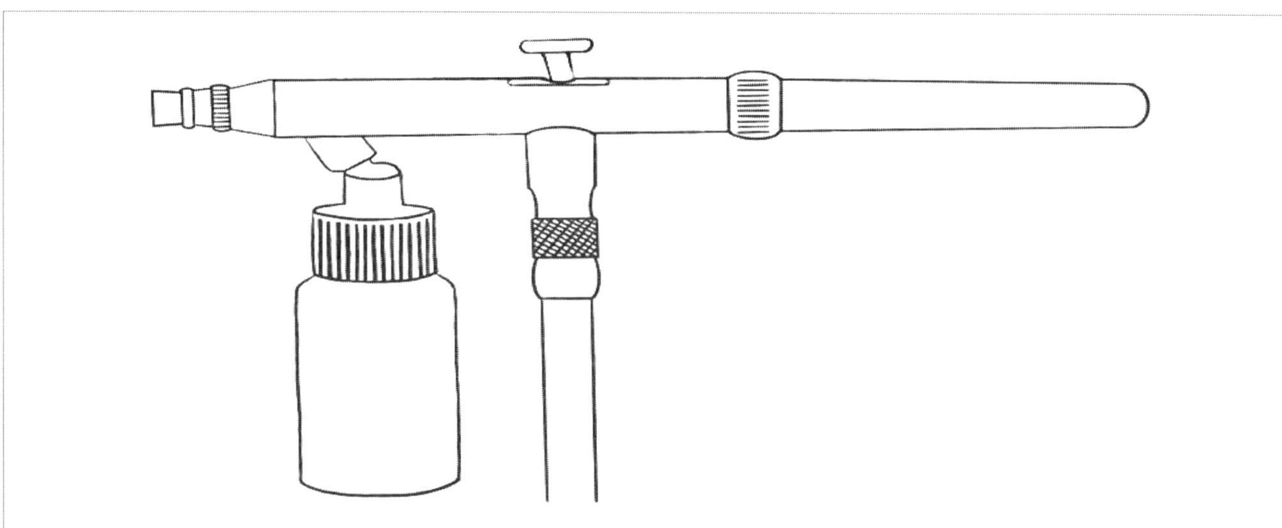

(3) 메인 레버 타입(main lever type) 에어브러시

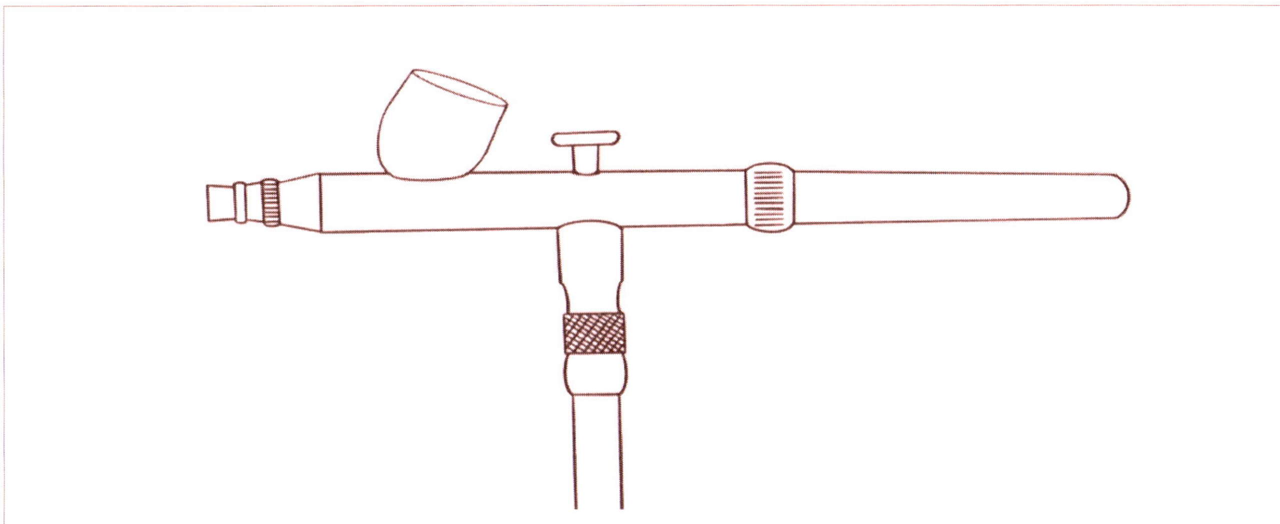

(4) 건 타입(gun type) 에어브러시

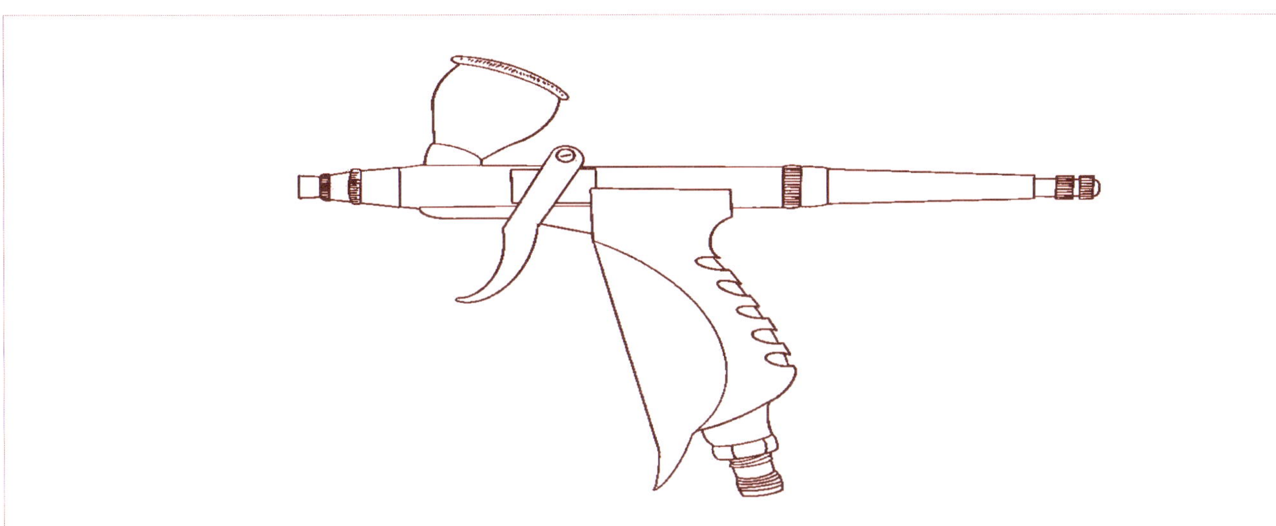

2. 에어브러시의 구조

싱글 액션(single action type) 에어브러시

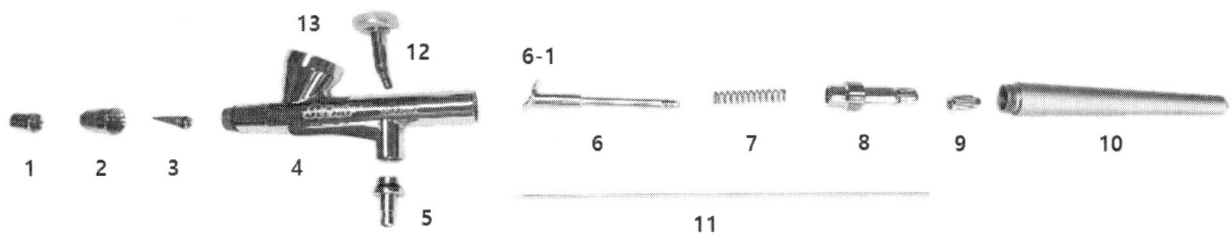

더블 액션(double action type) 에어브러시

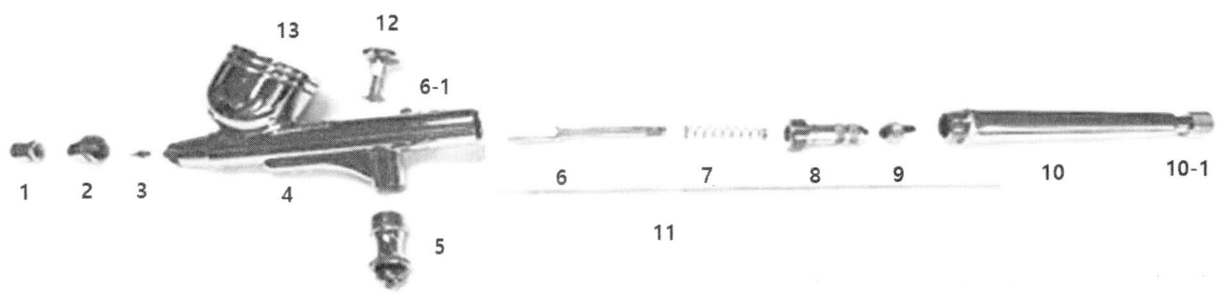

[그림 1-1] 에어브러시의 구조

1) 니들 캡(needle cap)

2) 노즐캡(nozzle cap)

3) 노즐(nozzle)

4) 바디

5) 호수 연결 밸브

6) 니들 가이드(needle guide)

6-1) 엑셀 레버(auxiliary lever)

7) 스프링(spring)

8) 스프링 가이드(spring guide)

9) 쳐킹 너트(chucking nut)

10) 프리셋 캡(preset cap)

10-1) 프리셋 핸들(preset handle)

11) 니들(needle)

12) 메인 레버(main lever)

13) 물감주입구(fluid cup)

3. 컴프레서

1) 구조

(1) 펌프와 모터

(2) 레귤레이터

(3) 흡입기(소음기)

(4) 압력게이지

(5) 에어탱크

2) 분류

(1) 소형 컴퓨레서

이미지 삽입	

(2) 중형 컴퓨레서

이미지 삽입	

(3) 대형 컴퓨레서

이미지 삽입	

4. 에어 호스

이미지 삽입	

5. 클리닝 팟

이미지 삽입	

6. 청소용 도구

이미지 삽입	

7. 물통

이미지 삽입	

8. OHP 필름

이미지 삽입	

9. 소모품

이미지 삽입	

10. 기타

이미지 삽입	

Lesson 3

에어브러시 재료

Air Brush-Materials

Lesson 3. 에어브러시 재료 Air Brush Materials

1. 에어브러시 전용 화장품

이미지 삽입	

2. 에어브러시 바디페인팅 전용 화장품

이미지 삽입	

3. 에어브러시 전용 물감

1) 수성

이미지 삽입	

2) 아크릴

이미지 삽입	

3) 기타

이미지 삽입	

Lesson 4

기초 도형
Foundation diagram

Lesson 4. 기초 도형 Foundation diagram

1. 기초

1) 점(Dot)

삽입

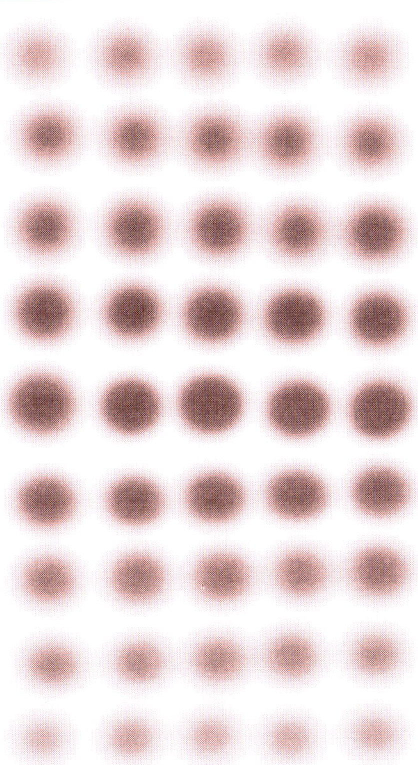

이미지 삽입

2) 선(Line)

	이미지 삽입
	이미지 삽입
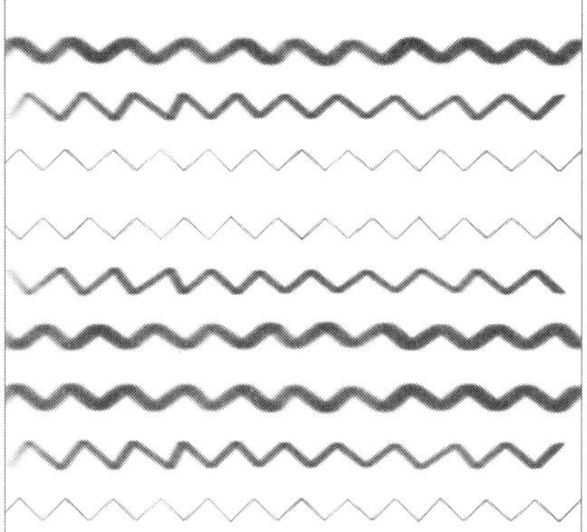	이미지 삽입
	이미지 삽입

3) 면(Face)

	이미지 삽입
	이미지 삽입
	이미지 삽입
	이미지 삽입

2. 도형

<table>
<tr><th colspan="2">구</th></tr>
<tr><td></td><td>이미지 삽입</td></tr>
<tr><th colspan="2">원기둥</th></tr>
<tr><td>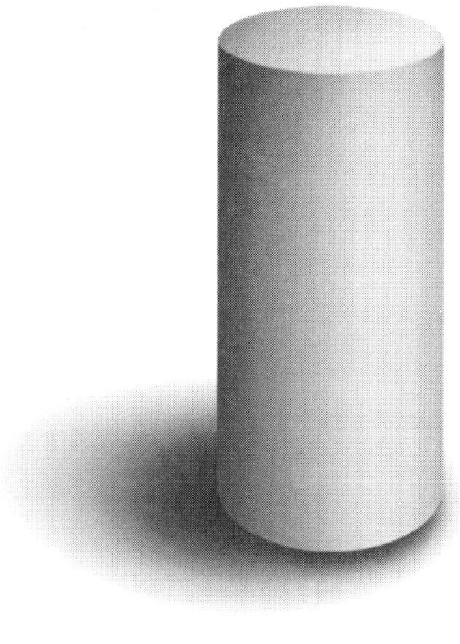</td><td>이미지 삽입</td></tr>
</table>

직육면체	
	이미지 삽입

사각기둥	
	이미지 삽입

원뿔	
	이미지 삽입

삼각뿔	
	이미지 삽입

3. 기초조형 응용

스텐실 사용	
	이미지 삽입

<table>
<tr><th colspan="2">스텐실 사용</th></tr>
<tr><td></td><td>이미지 삽입</td></tr>
<tr><th colspan="2">자유곡선</th></tr>
<tr><td></td><td>이미지 삽입</td></tr>
</table>

Lesson 5

에어브러시 디자인1

Air Brush design1

Lesson 5. 에어브러시 디자인1 Air Brush Design1

1. 자료조사

2. 모티브

이름	이미지
	이미지 삽입
	이미지 삽입
	이미지 삽입
	이미지 삽입

3. 디자인 계획표

<table>
<tr><th colspan="3">디자인 계획표</th></tr>
<tr><td colspan="3">작품명:</td></tr>
<tr><td colspan="3">주제 설명</td></tr>
<tr><td colspan="3"></td></tr>
<tr><td>사용 도구</td><td colspan="2">에어브러시 사용 범위</td></tr>
<tr><td rowspan="5"></td><td>에어브러시 메이크업</td><td></td></tr>
<tr><td>아트 메이크업</td><td></td></tr>
<tr><td>바디 페인팅</td><td></td></tr>
<tr><td>특수 분장</td><td></td></tr>
<tr><td>기 타</td><td></td></tr>
<tr><td colspan="3">사용 물감</td></tr>
<tr><td colspan="3"></td></tr>
</table>

4. 디자인

5. 마스크 디자인 계획표

마스크 디자인 계획표	
작품명	

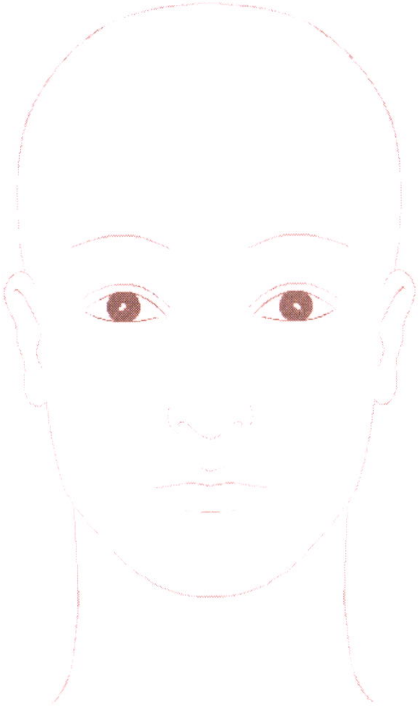

Forehead
Cheek
Base
hair

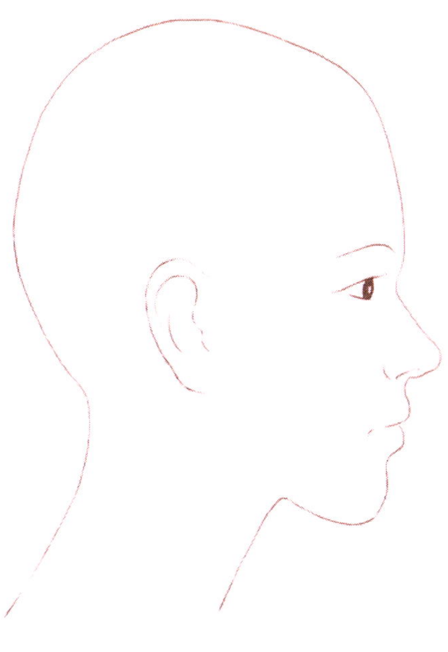

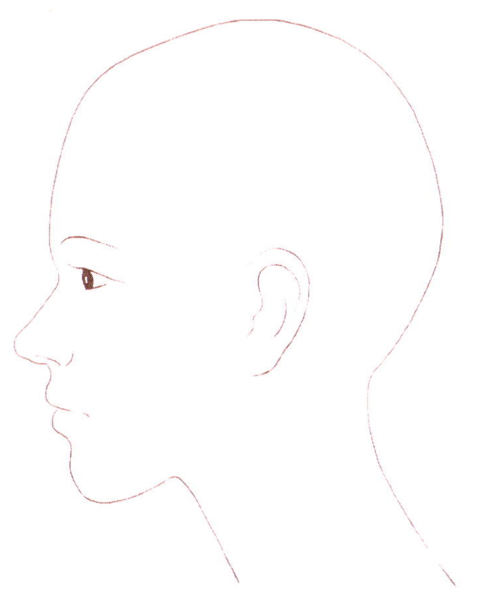

6. 마스크 디자인

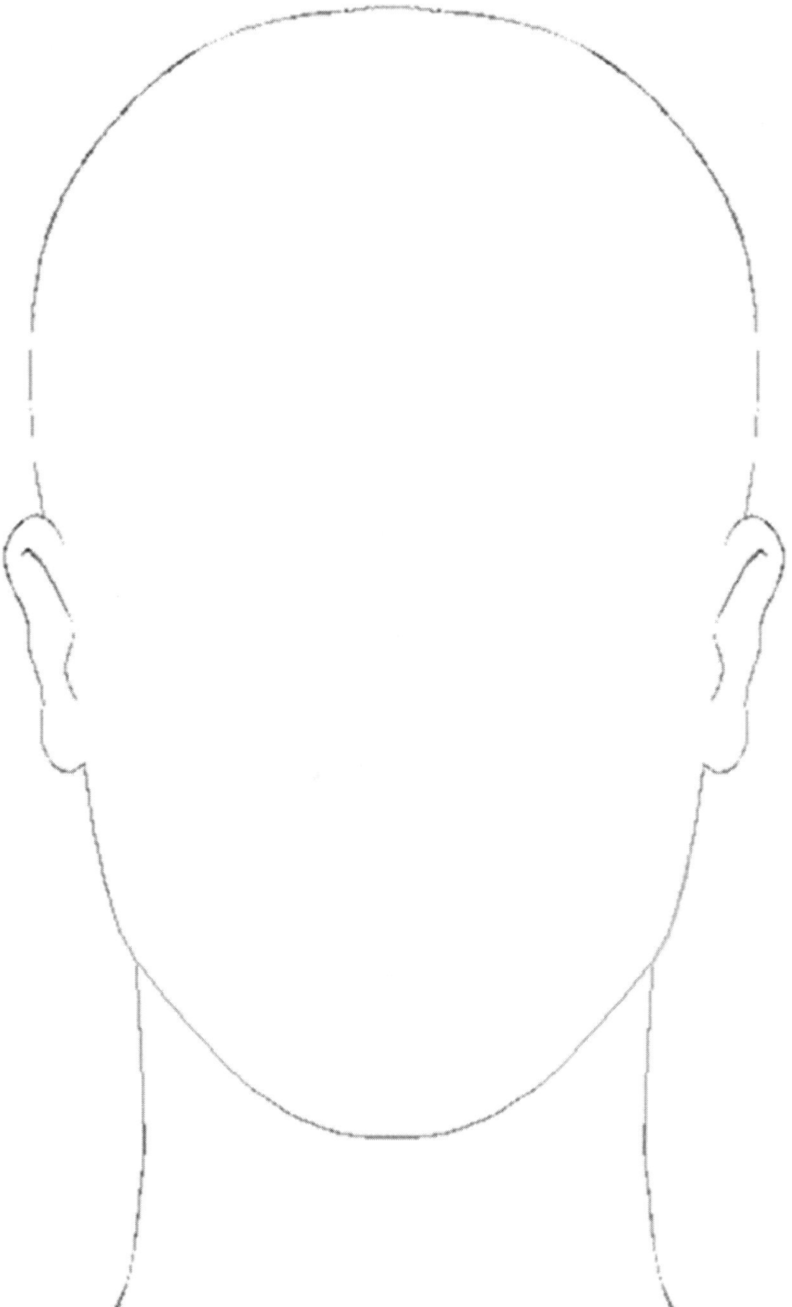

7. 분장 디자인 계획표

1) 정면

분장 디자인 계획표 - 전신 정면

작품명

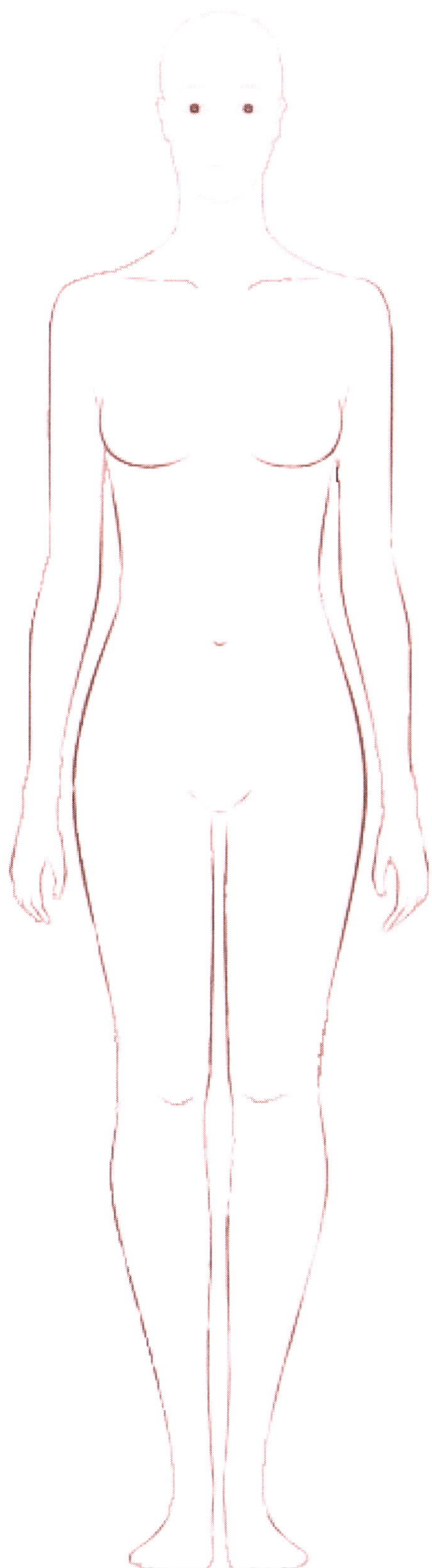

얼굴

몸통 앞면

팔 앞면

다리 앞면

2) 뒷면

분장 디자인 계획표 - 전신 뒷면

작품명

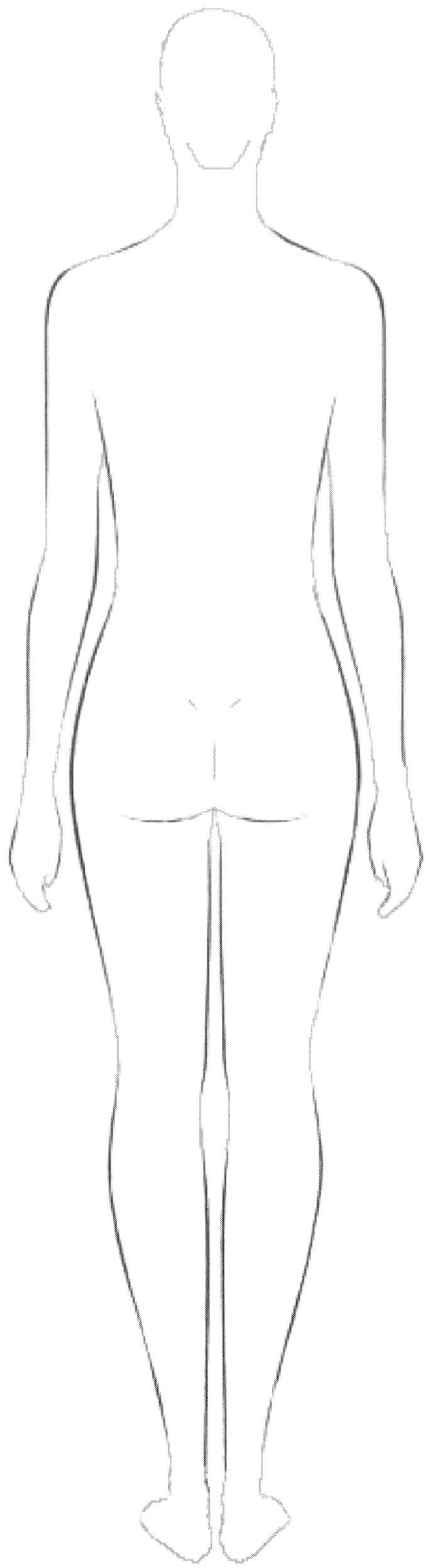

뒤통수

몸통 뒷면

팔 뒷면

다리 뒷면

8. 디자인 제작 과정표

<table>
<tr><th colspan="5">디자인 제작 과정표</th></tr>
<tr><th colspan="5">제작 과정 1</th></tr>
<tr><td>도구</td><td></td><td colspan="3">물감</td></tr>
<tr><td colspan="2" rowspan="3">이미지 삽입</td><td></td><td></td><td></td></tr>
<tr><td></td><td></td><td></td></tr>
<tr><td></td><td></td><td></td></tr>
<tr><th colspan="5">제작 과정 2</th></tr>
<tr><td>도구</td><td></td><td colspan="3">물감</td></tr>
<tr><td colspan="2" rowspan="3">이미지 삽입</td><td></td><td></td><td></td></tr>
<tr><td></td><td></td><td></td></tr>
<tr><td></td><td></td><td></td></tr>
<tr><th colspan="5">제작 과정 3</th></tr>
<tr><td>도구</td><td></td><td colspan="3">물감</td></tr>
<tr><td colspan="2" rowspan="3">이미지 삽입</td><td></td><td></td><td></td></tr>
<tr><td></td><td></td><td></td></tr>
<tr><td></td><td></td><td></td></tr>
</table>

9. 작품 완성

이미지 삽입

Lesson 6

에어브러시 디자인2

Air Brush design2

Lesson 6. 에어브러시 디자인2 Air Brush Design2

1. 자료조사

2. 모티브

이름	이미지
	이미지 삽입
	이미지 삽입
	이미지 삽입
	이미지 삽입

3. 디자인 계획표

디자인 계획표

작품명:

주제 설명

사용 도구	에어브러시 사용 범위	
	에어브러시 메이크업	
	아트 메이크업	
	바디 페인팅	
	특수 분장	
	기　　　타	

사용 물감

4. 디자인

5. 마스크 디자인 계획표

마스크 디자인 계획표	
작품명	

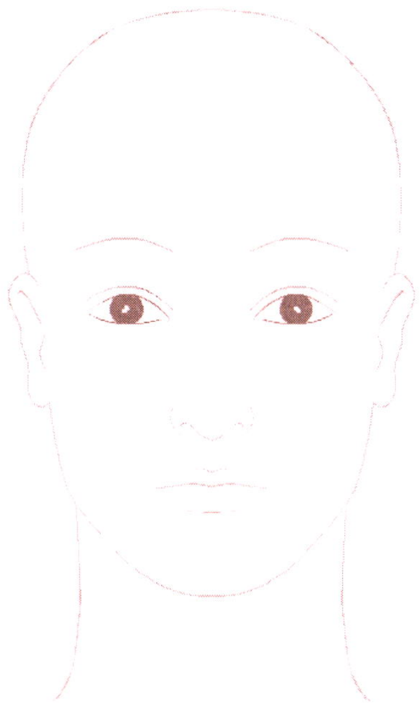

Forehead

Cheek

Base

hair

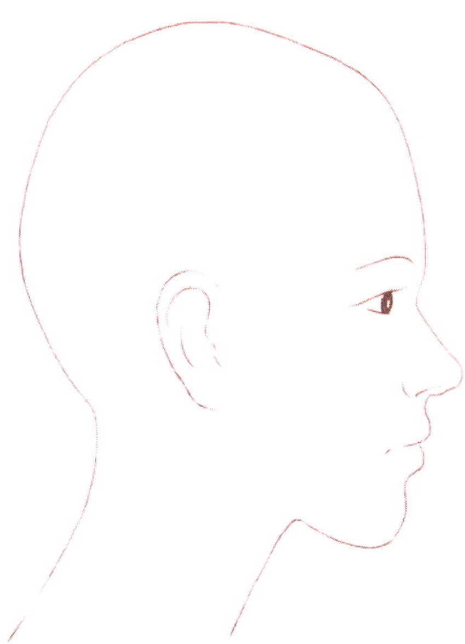

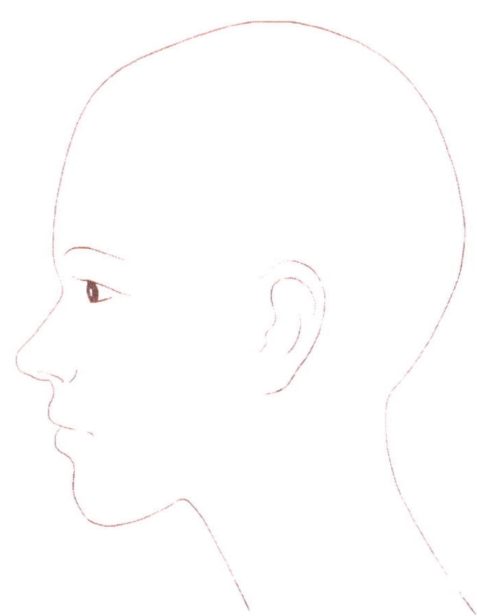

6. 마스크 디자인

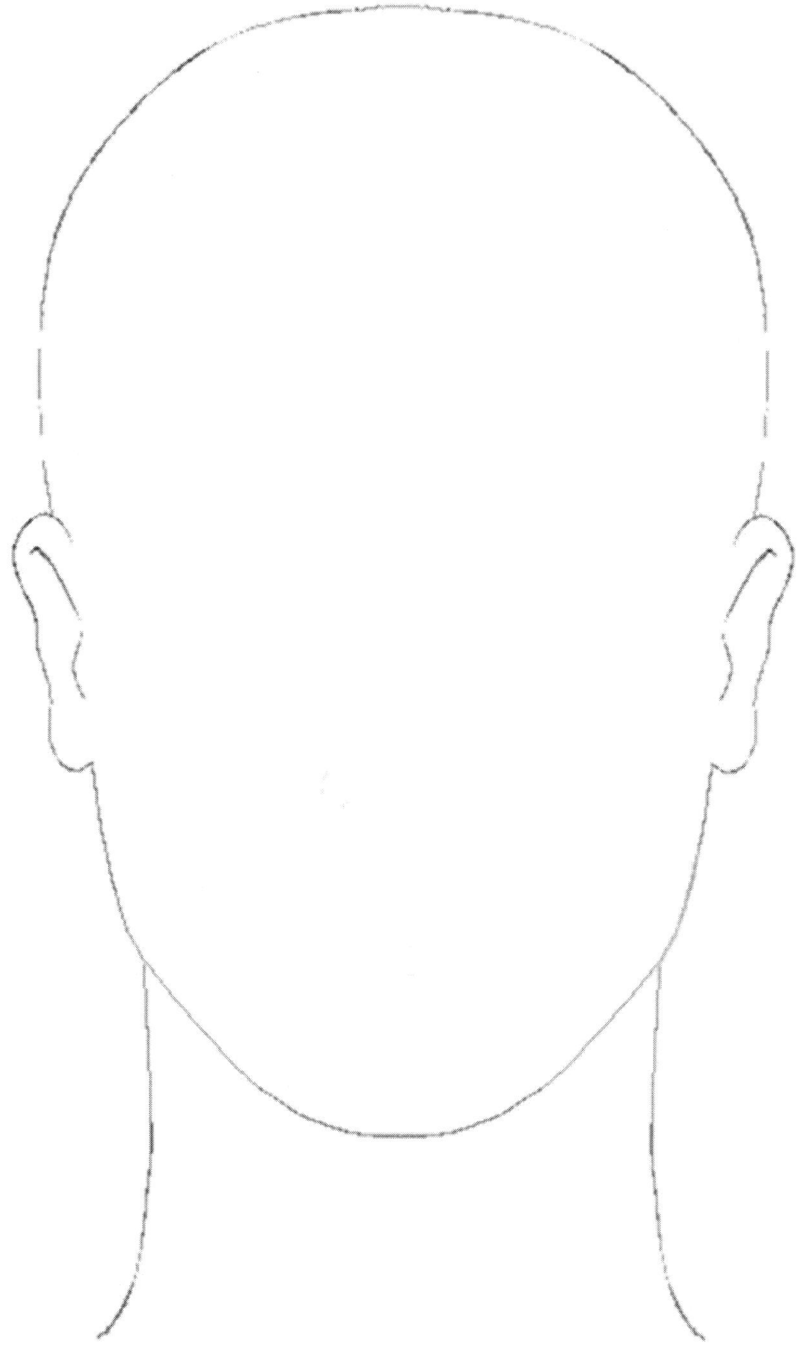

7. 분장 디자인 계획표

1) 정면

분장 디자인 계획표 - 전신 정면

작품명

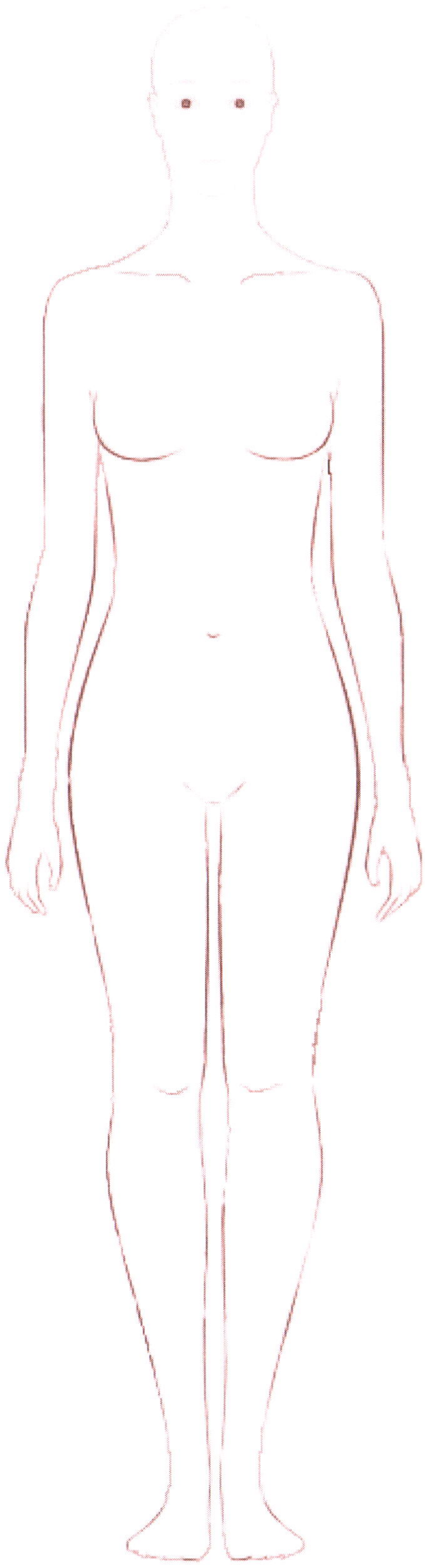

얼굴

몸통 앞면

팔 앞면

다리 앞면

2) 뒷면

분장 디자인 계획표 – 전신 뒷면

작품명

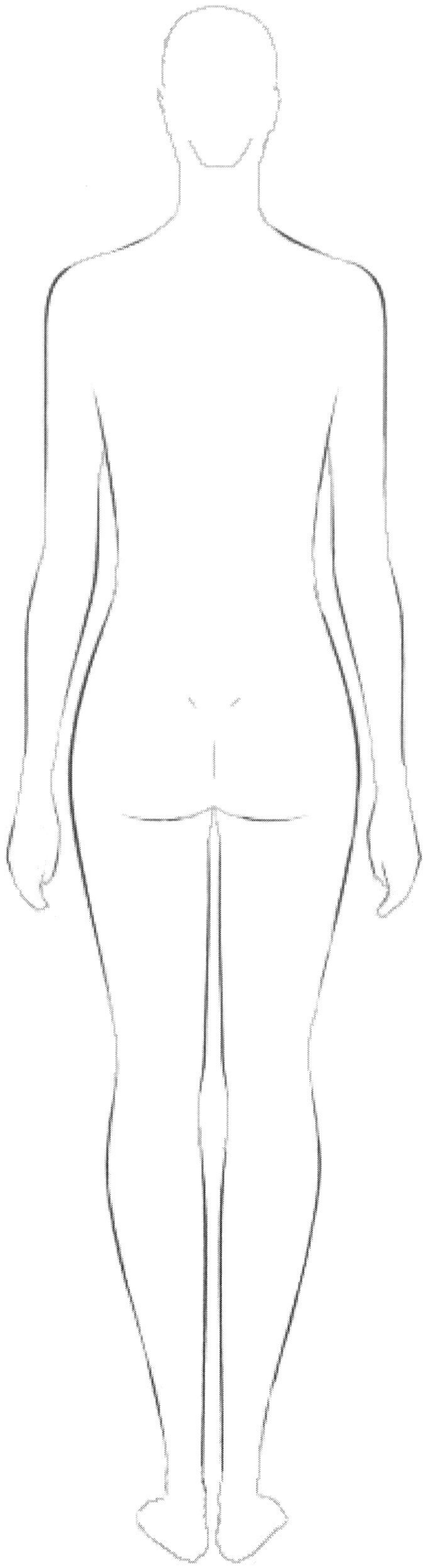

뒤통수

몸통 뒷면

팔 뒷면

다리 뒷면

8. 디자인 제작 과정표

<table>
<tr><th colspan="5">디자인 제작 과정표</th></tr>
<tr><th colspan="5">제작 과정 1</th></tr>
<tr><td>도구</td><td></td><td colspan="3">물감</td></tr>
<tr><td colspan="2" rowspan="3">이미지 삽입</td><td></td><td></td><td></td></tr>
<tr><td></td><td></td><td></td></tr>
<tr><td></td><td></td><td></td></tr>
<tr><th colspan="5">제작 과정 2</th></tr>
<tr><td>도구</td><td></td><td colspan="3">물감</td></tr>
<tr><td colspan="2" rowspan="3">이미지 삽입</td><td></td><td></td><td></td></tr>
<tr><td></td><td></td><td></td></tr>
<tr><td></td><td></td><td></td></tr>
<tr><th colspan="5">제작 과정 3</th></tr>
<tr><td>도구</td><td></td><td colspan="3">물감</td></tr>
<tr><td colspan="2" rowspan="3">이미지 삽입</td><td></td><td></td><td></td></tr>
<tr><td></td><td></td><td></td></tr>
<tr><td></td><td></td><td></td></tr>
</table>

9. 작품 완성

이미지 삽입

Lesson 7

에어브러시 디자인3

Air Brush design3

Lesson 7. 에어브러시 디자인3 Air Brush Design3

1. 자료조사

2. 모티브

이름	이미지
	이미지 삽입
	이미지 삽입
	이미지 삽입
	이미지 삽입

3. 디자인 계획표

<table>
<tr><th colspan="3">디자인 계획표</th></tr>
<tr><td colspan="3">작품명:</td></tr>
<tr><td colspan="3">주제 설명</td></tr>
<tr><td colspan="3"></td></tr>
<tr><td>사용 도구</td><td colspan="2">에어브러시 사용 범위</td></tr>
<tr><td rowspan="5"></td><td>에어브러시 메이크업</td><td></td></tr>
<tr><td>아트 메이크업</td><td></td></tr>
<tr><td>바디 페인팅</td><td></td></tr>
<tr><td>특수 분장</td><td></td></tr>
<tr><td>기 타</td><td></td></tr>
<tr><td colspan="3">사용 물감</td></tr>
<tr><td colspan="3"></td></tr>
</table>

4. 디자인

5. 마스크 디자인 계획표

<table>
<tr><th colspan="2">마스크 디자인 계획표</th></tr>
<tr><td>작품명</td><td></td></tr>
<tr><td>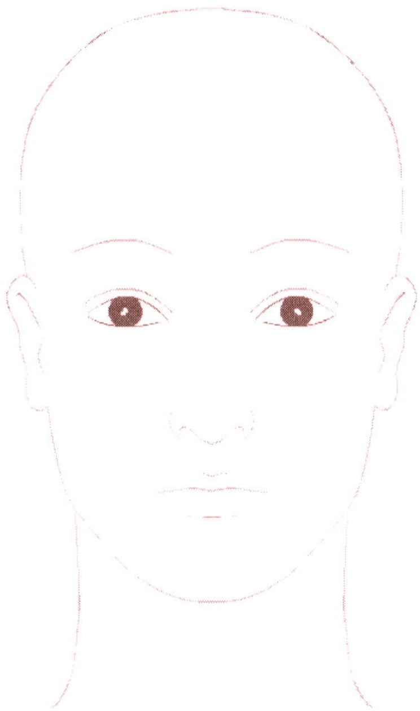</td><td>Forehead

Cheek

Base

hair</td></tr>
<tr><td>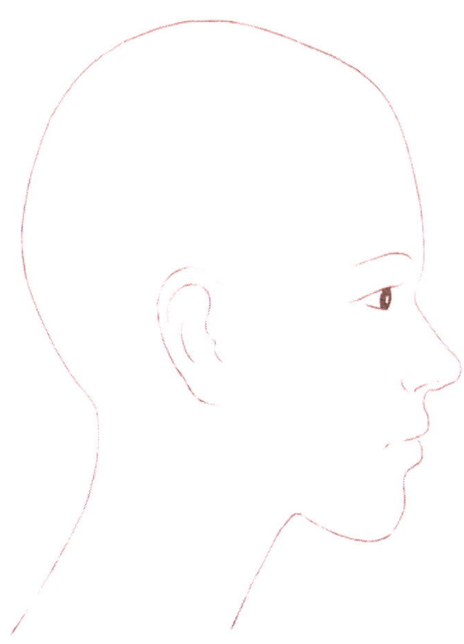</td><td>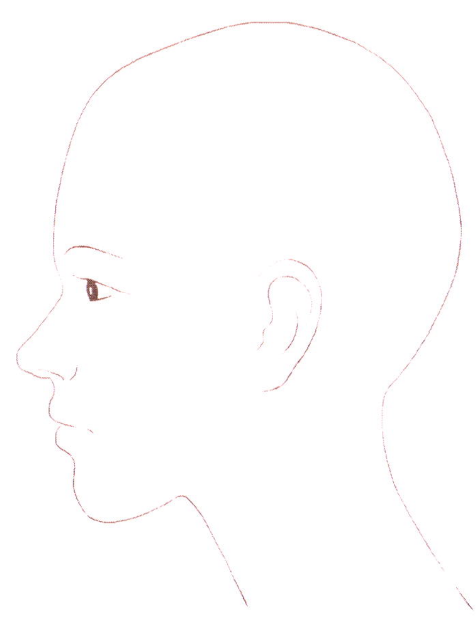</td></tr>
</table>

6. 마스크 디자인

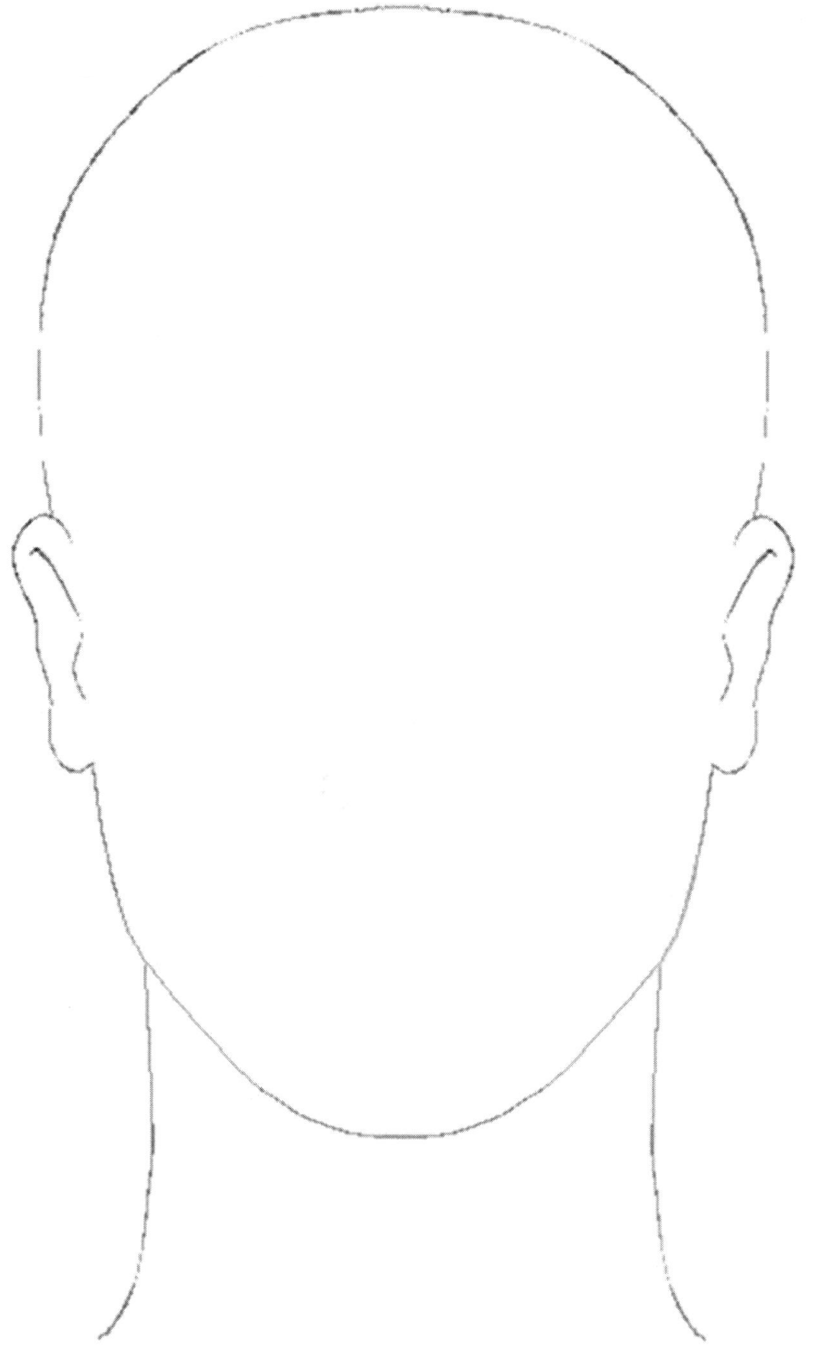

7. 분장 디자인 계획표

1) 정면

분장 디자인 계획표 – 전신 정면

작품명

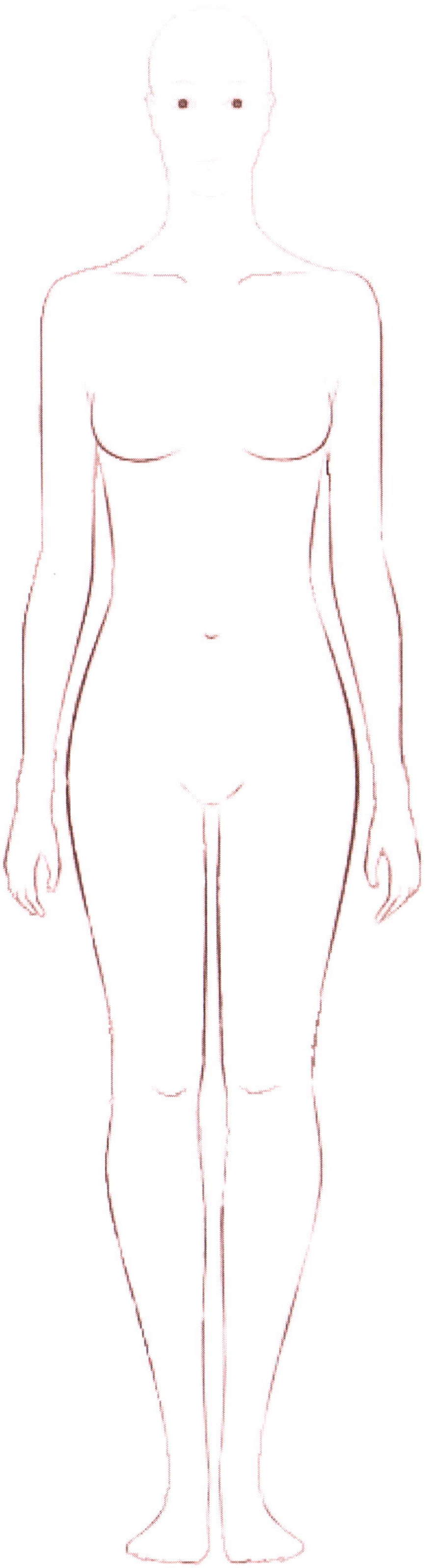

얼굴

몸통 앞면

팔 앞면

다리 앞면

2) 뒷면

분장 디자인 계획표 - 전신 뒷면

작품명

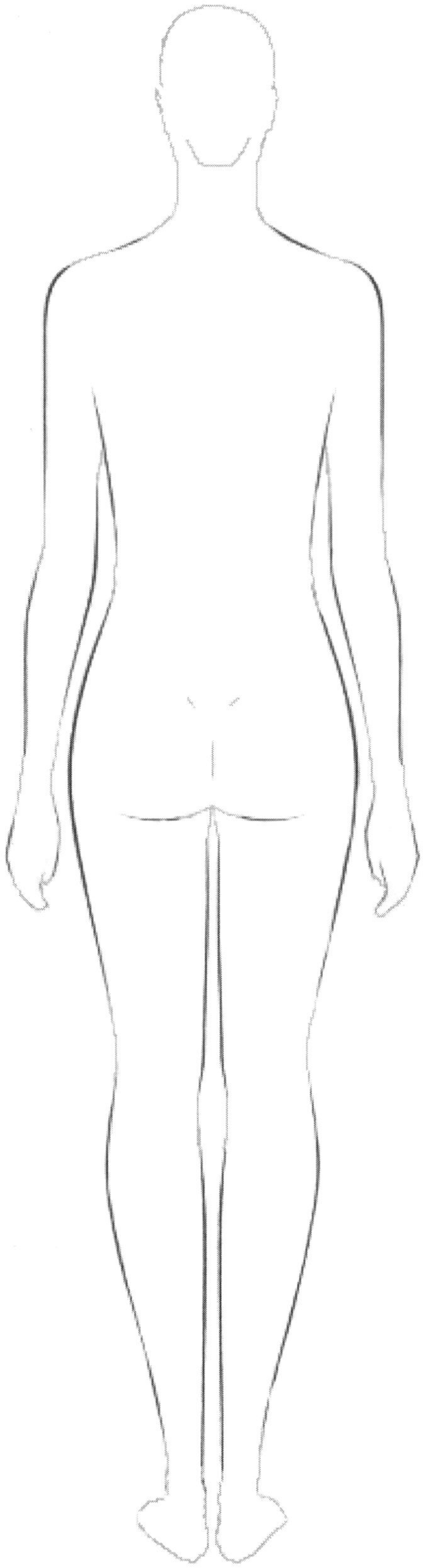

뒤통수

몸통 뒷면

팔 뒷면

다리 뒷면

8. 디자인 제작 과정표

디자인 제작 과정표

제작 과정 1				
도구		물감		
이미지 삽입				

제작 과정 2				
도구		물감		
이미지 삽입				

제작 과정 3				
도구		물감		
이미지 삽입				

9. 작품 완성

이미지 삽입

Lesson 8

에어브러시 디자인4

Air Brush design4

Lesson 8. 에어브러시 디자인4 Air Brush Design4

1. 자료조사

2. 모티브

이름	이미지
	이미지 삽입
	이미지 삽입
	이미지 삽입
	이미지 삽입

3. 디자인 계획표

<table>
<tr><th colspan="3">디자인 계획표</th></tr>
<tr><td colspan="3">작품명:</td></tr>
<tr><td colspan="3">주제 설명</td></tr>
<tr><td colspan="3"></td></tr>
<tr><td>사용 도구</td><td colspan="2">에어브러시 사용 범위</td></tr>
<tr><td rowspan="5"></td><td>에어브러시 메이크업</td><td></td></tr>
<tr><td>아트 메이크업</td><td></td></tr>
<tr><td>바디 페인팅</td><td></td></tr>
<tr><td>특수 분장</td><td></td></tr>
<tr><td>기 타</td><td></td></tr>
<tr><td colspan="3">사용 물감</td></tr>
<tr><td colspan="3"></td></tr>
</table>

4. 디자인

5. 마스크 디자인 계획표

마스크 디자인 계획표

작품명	

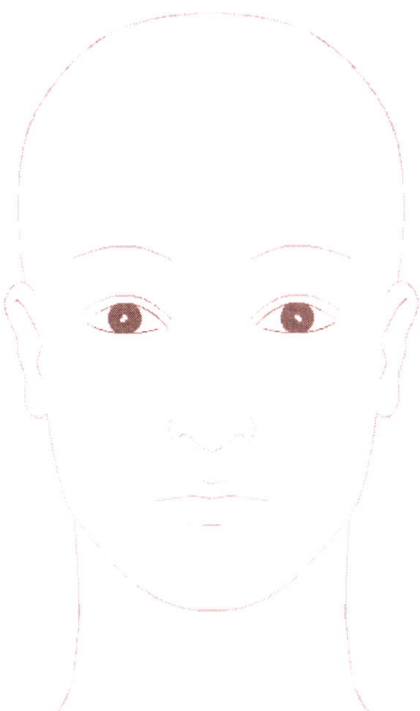

Forehead

Cheek

Base

hair

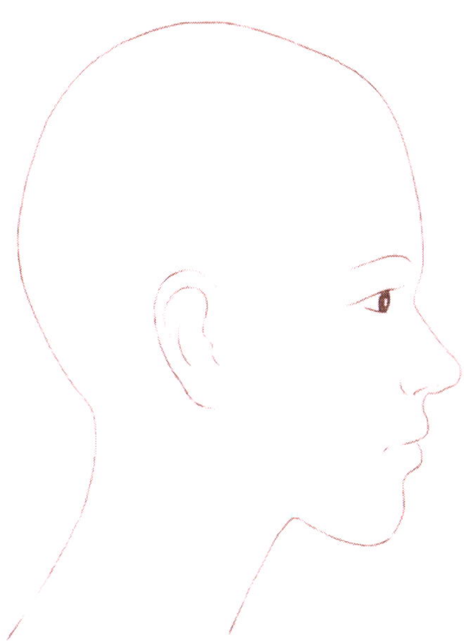

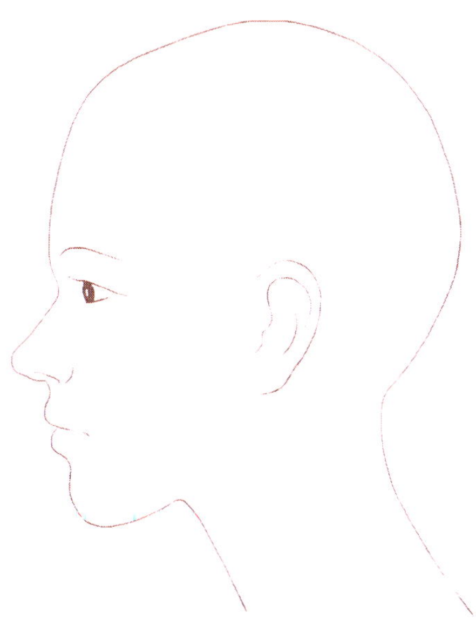

6. 마스크 디자인

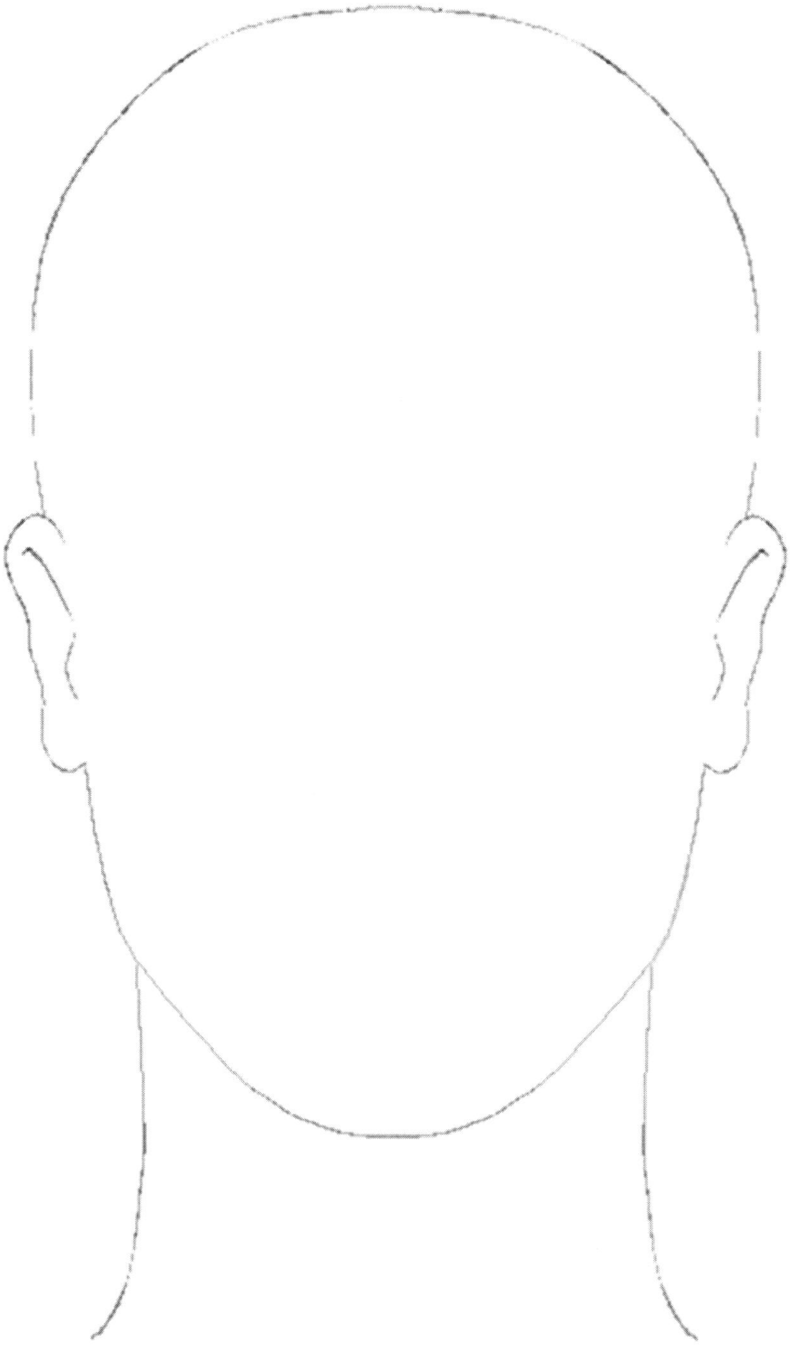

7. 분장 디자인 계획표

1) 정면

분장 디자인 계획표 – 전신 정면

작품명

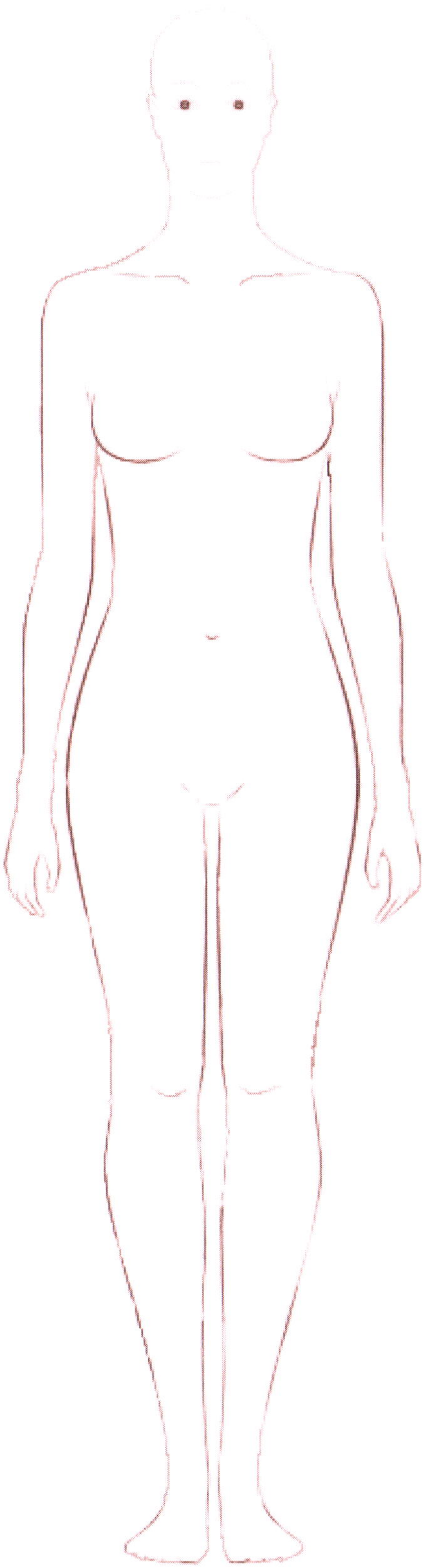

얼굴

몸통 앞면

팔 앞면

다리 앞면

2) 뒷면

분장 디자인 계획표 - 전신 뒷면

작품명

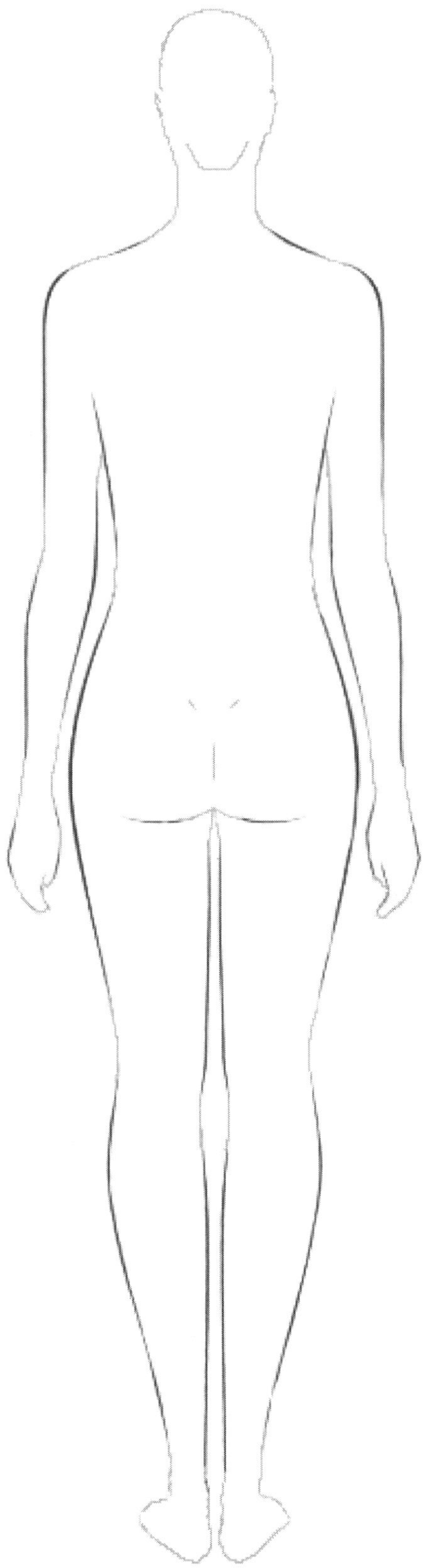

뒤통수

몸통 뒷면

팔 뒷면

다리 뒷면

8. 디자인 제작 과정표

디자인 제작 과정표				
제작 과정 1				
도구		물감		
이미지 삽입				
제작 과정 2				
도구		물감		
이미지 삽입				
제작 과정 3				
도구		물감		
이미지 삽입				

9. 작품 완성

이미지 삽입

Lesson 9

에어브러시 디자인5

Air Brush design5

Lesson 9. 에어브러시 디자인5 Air Brush Design5

1. 자료조사

2. 모티브

이름	이미지
	이미지 삽입
	이미지 삽입
	이미지 삽입
	이미지 삽입

3. 디자인 계획표

<table>
<tr><th colspan="3">디자인 계획표</th></tr>
<tr><td colspan="3">작품명:</td></tr>
<tr><td colspan="3">주제 설명</td></tr>
<tr><td colspan="3"></td></tr>
<tr><td>사용 도구</td><td colspan="2">에어브러시 사용 범위</td></tr>
<tr><td rowspan="5"></td><td>에어브러시 메이크업</td><td></td></tr>
<tr><td>아트 메이크업</td><td></td></tr>
<tr><td>바디 페인팅</td><td></td></tr>
<tr><td>특수 분장</td><td></td></tr>
<tr><td>기 타</td><td></td></tr>
<tr><td colspan="3">사용 물감</td></tr>
<tr><td colspan="3"></td></tr>
</table>

4. 마스크 디자인 계획표

마스크 디자인 계획표	
작품명	

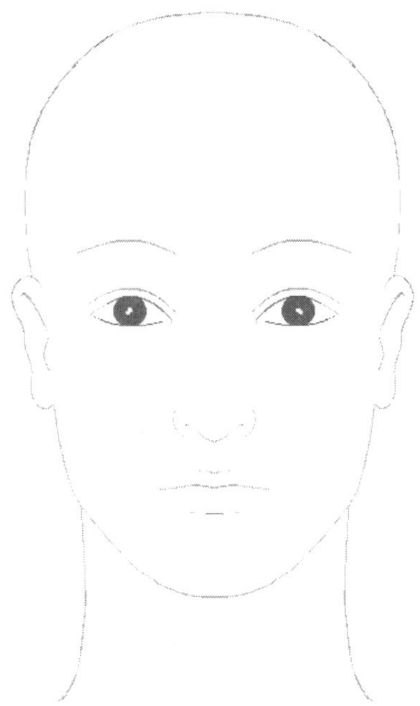

Forehead
Cheek
Base
hair

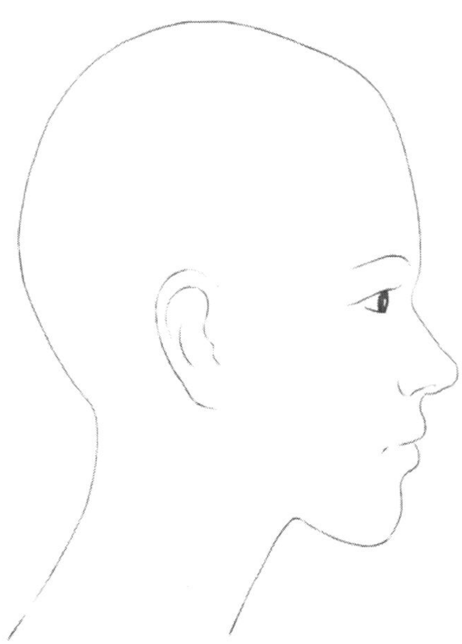

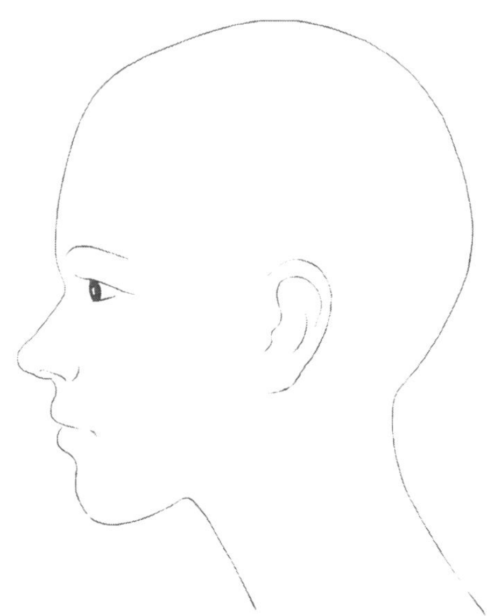

5. 마스크 디자인

1) 정면

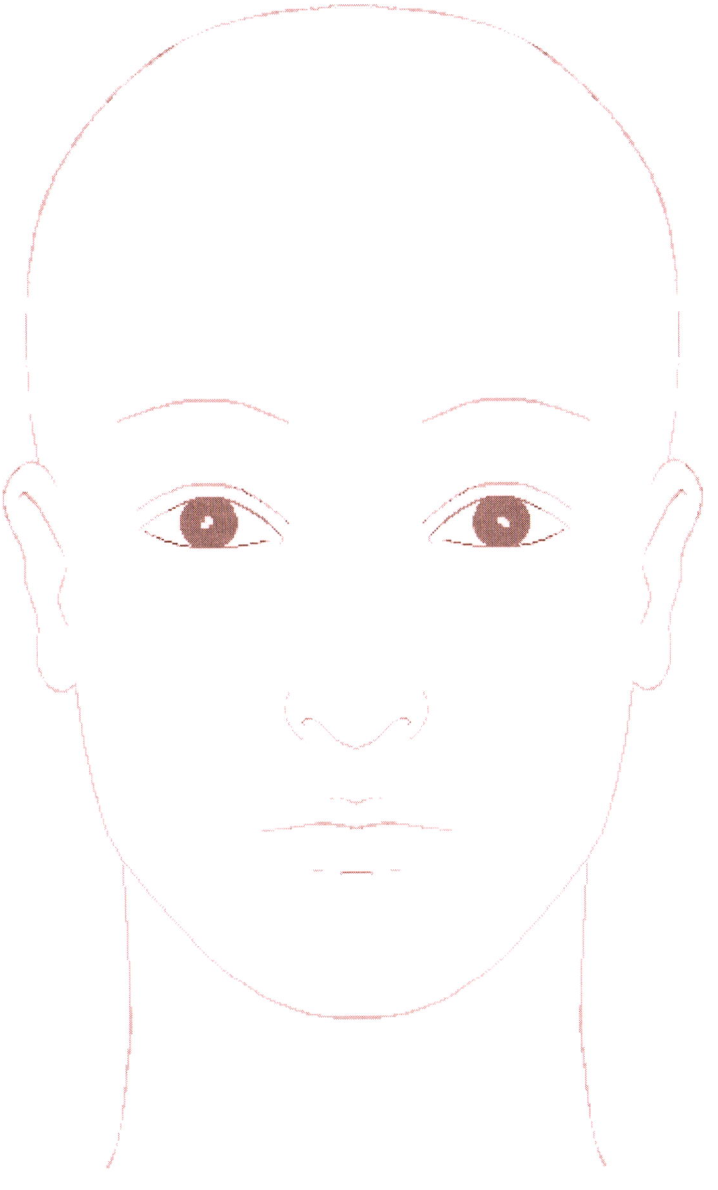

2) 측면

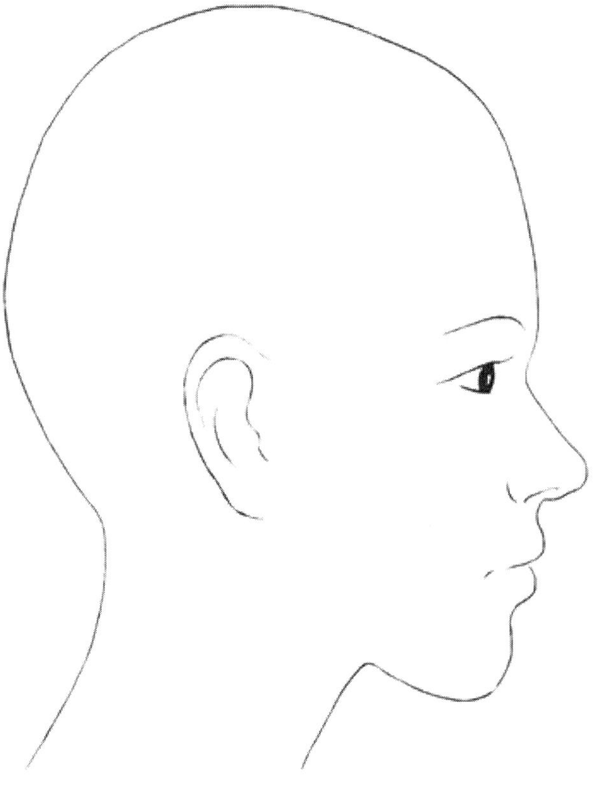

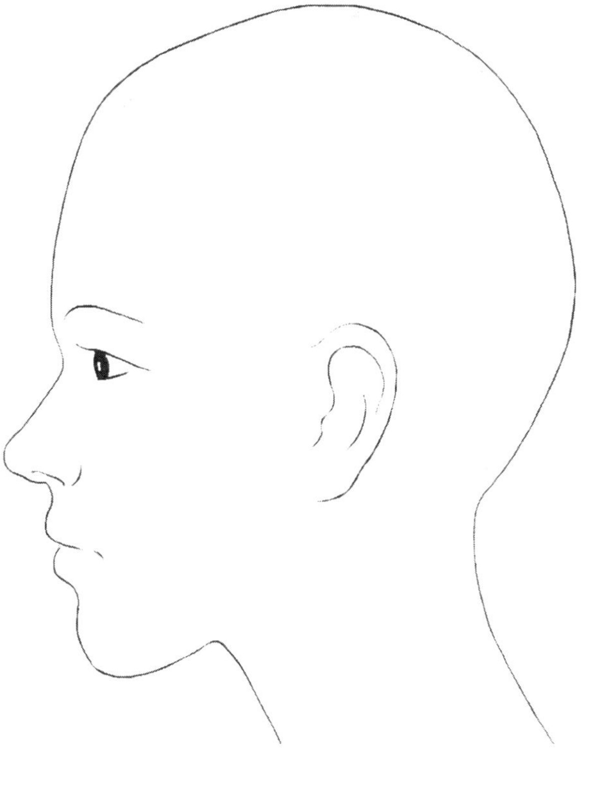

6. 분장 디자인 계획표

1) 정면

분장 디자인 계획표 – 전신 정면

작품명

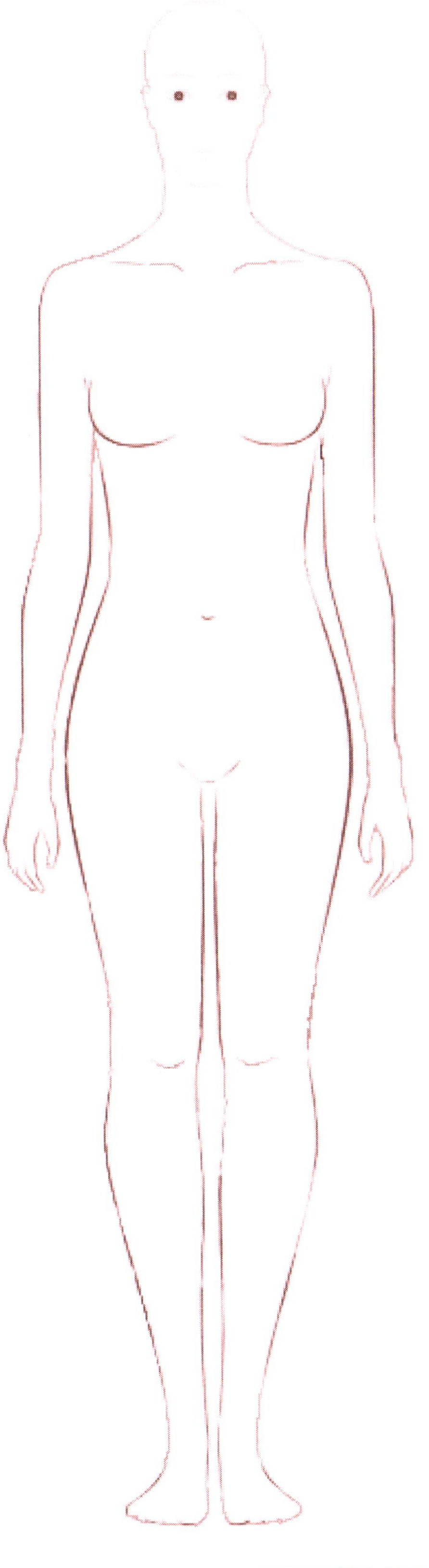

얼굴

몸통 앞면

팔 앞면

다리 앞면

2) 뒷면

분장 디자인 계획표 - 전신 뒷면

작품명

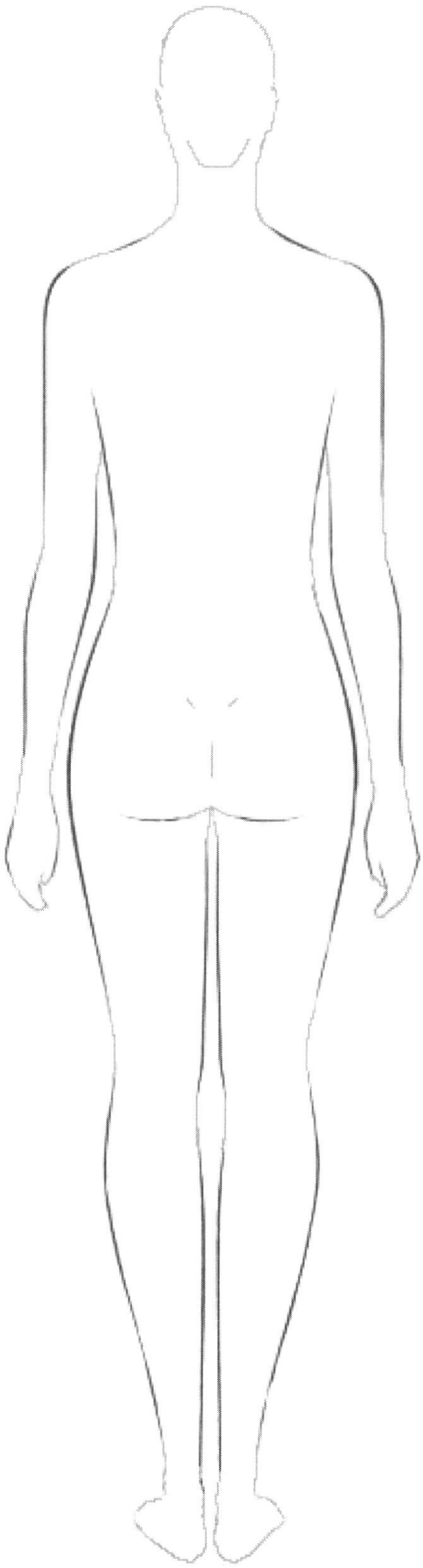

뒤통수

몸통 뒷면

팔 뒷면

다리 뒷면

7. 디자인 제작 과정표

<table>
<tr><th colspan="5">제작 과정표</th></tr>
<tr><th colspan="5">제작 과정 1</th></tr>
<tr><td>도구</td><td></td><td colspan="3">물감</td></tr>
<tr><td colspan="2" rowspan="3">이미지 삽입</td><td></td><td></td><td></td></tr>
<tr><td></td><td></td><td></td></tr>
<tr><td></td><td></td><td></td></tr>
<tr><th colspan="5">제작 과정 2</th></tr>
<tr><td>도구</td><td></td><td colspan="3">물감</td></tr>
<tr><td colspan="2" rowspan="3">이미지 삽입</td><td></td><td></td><td></td></tr>
<tr><td></td><td></td><td></td></tr>
<tr><td></td><td></td><td></td></tr>
<tr><th colspan="5">제작 과정 3</th></tr>
<tr><td>도구</td><td></td><td colspan="3">물감</td></tr>
<tr><td colspan="2" rowspan="3">이미지 삽입</td><td></td><td></td><td></td></tr>
<tr><td></td><td></td><td></td></tr>
<tr><td></td><td></td><td></td></tr>
</table>

8. 작품 완성

완성 이미지 첨부 정면	
완성 이미지 첨부 좌측면	완성 이미지 첨부 우측면

Lesson 10

에어브러시 디자인6

Air Brush design6

Lesson 10. 에어브러시 디자인6 Air Brush Design6

1. 자료조사

2. 모티브

이름	이미지
	이미지 삽입
	이미지 삽입
	이미지 삽입
	이미지 삽입

3. 디자인 계획표

<table>
<tr><th colspan="3">디자인 계획표</th></tr>
<tr><td colspan="3">작품명:</td></tr>
<tr><td colspan="3">주제 설명</td></tr>
<tr><td colspan="3"></td></tr>
<tr><td>사용 도구</td><td colspan="2">에어브러시 사용 범위</td></tr>
<tr><td rowspan="5"></td><td>에어브러시 메이크업</td><td></td></tr>
<tr><td>아트 메이크업</td><td></td></tr>
<tr><td>바디 페인팅</td><td></td></tr>
<tr><td>특수 분장</td><td></td></tr>
<tr><td>기 타</td><td></td></tr>
<tr><td colspan="3">사용 물감</td></tr>
<tr><td colspan="3"></td></tr>
</table>

4. 마스크 디자인 계획표

<table>
<tr><th colspan="2">마스크 디자인 계획표</th></tr>
<tr><td>작품명</td><td></td></tr>
<tr><td>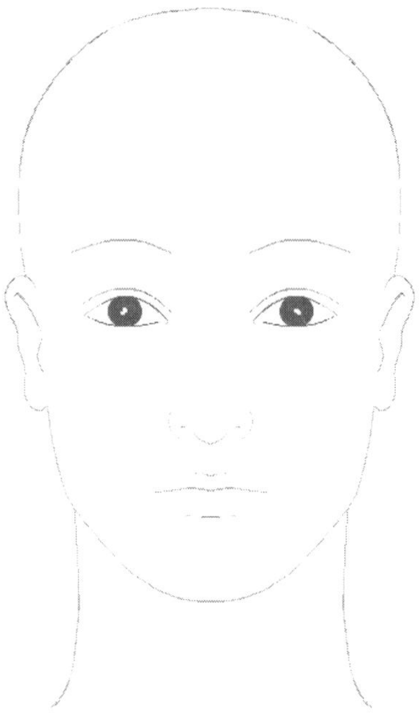</td><td>Forehead

Cheek

Base

hair</td></tr>
<tr><td>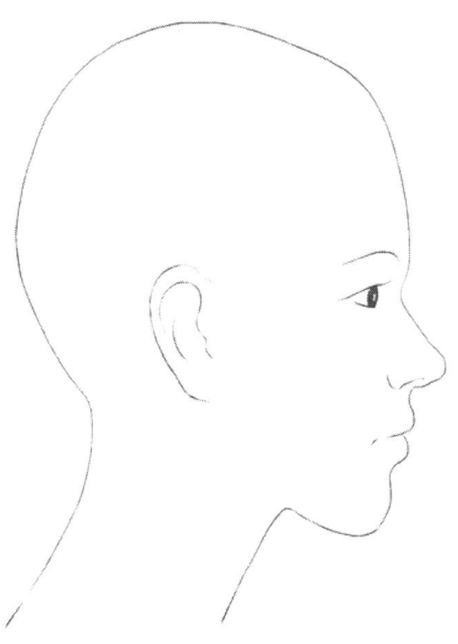</td><td>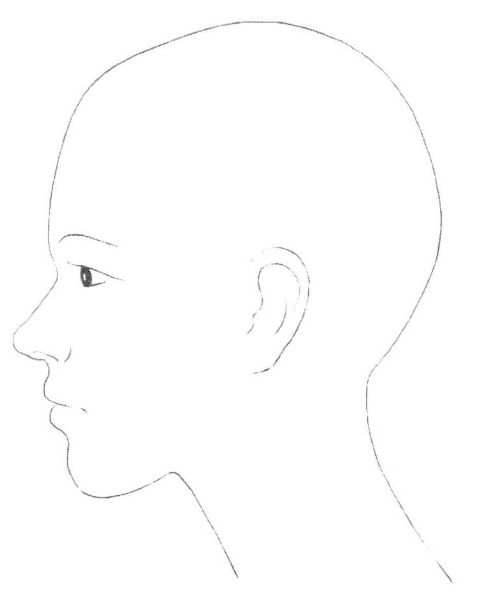</td></tr>
</table>

5. 마스크 디자인

1) 정면

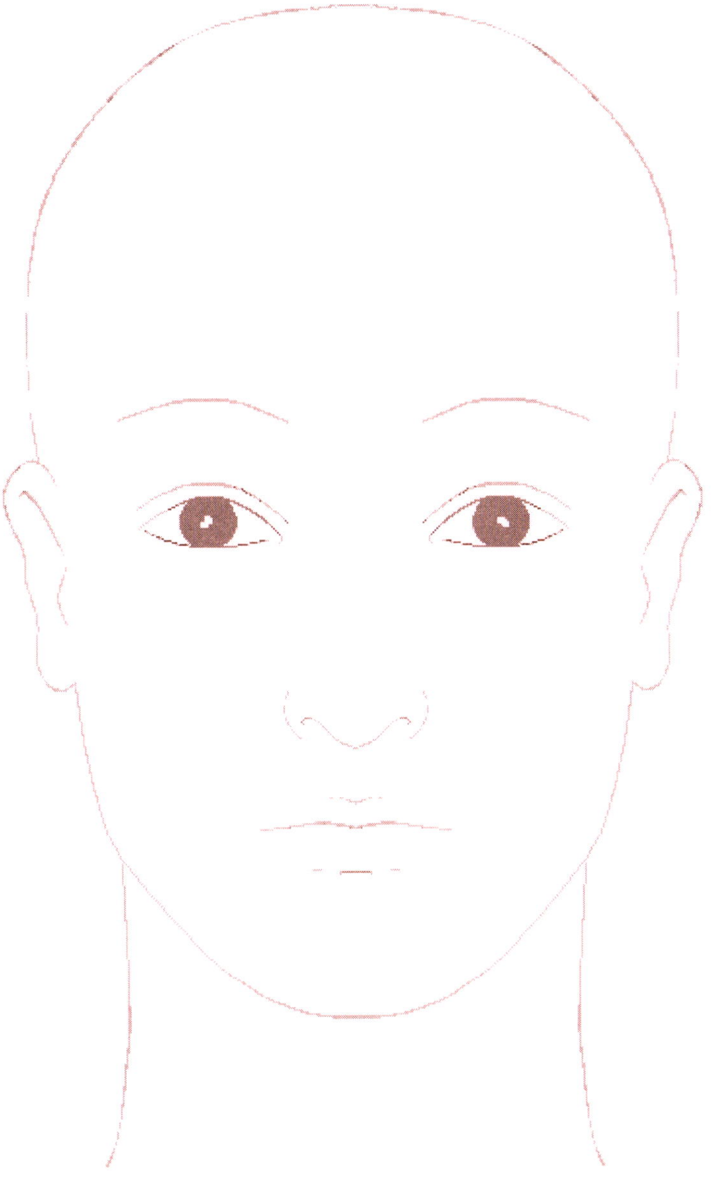

2) 측면

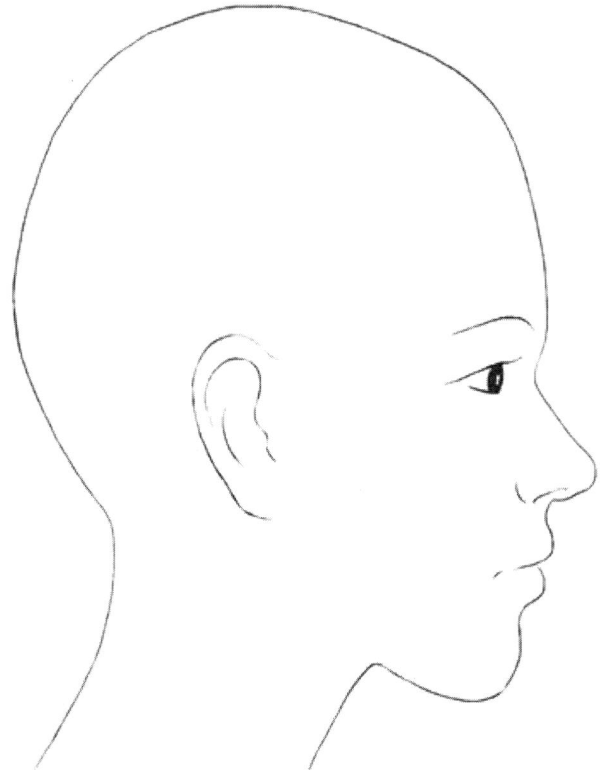

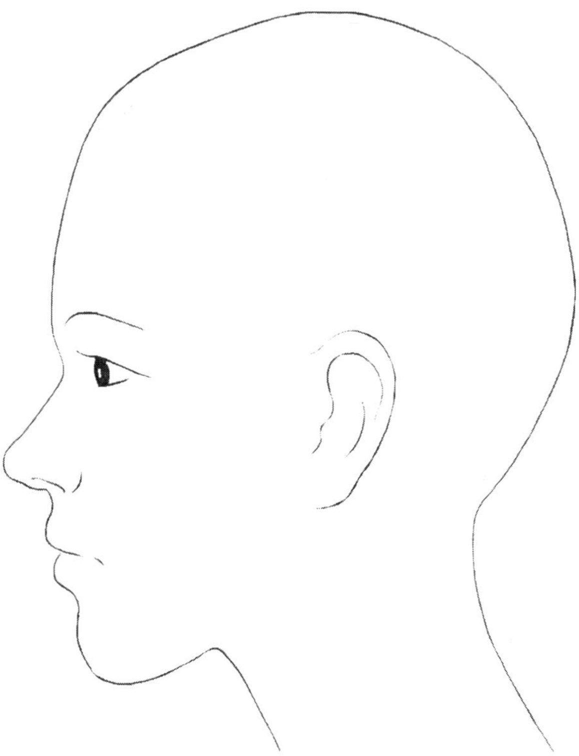

6. 분장 디자인 계획표

1) 정면

분장 디자인 계획표 – 전신 정면

작품명

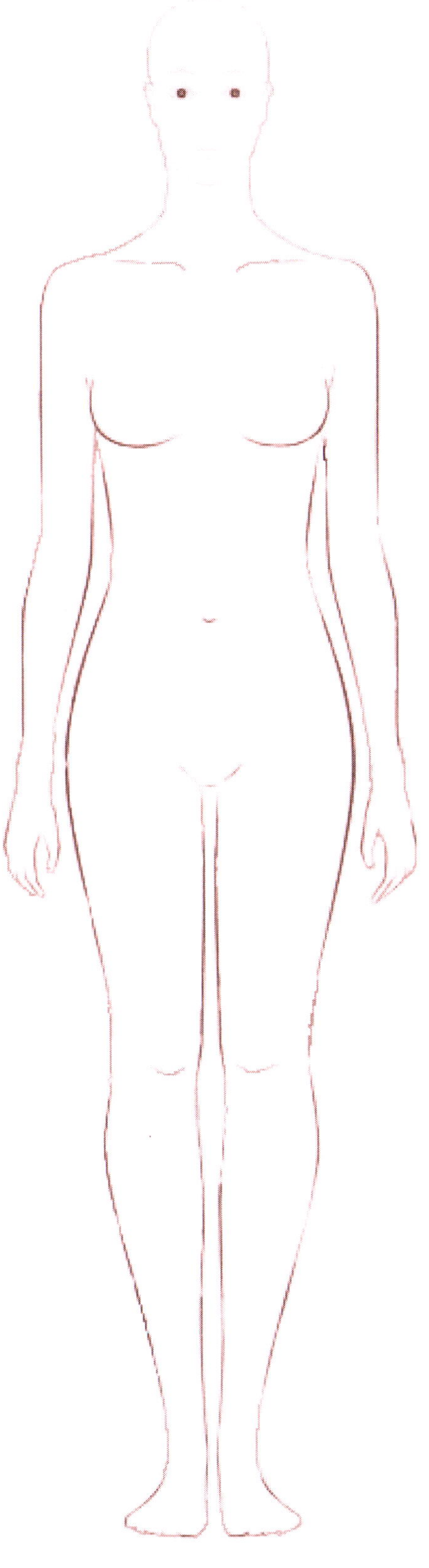

얼굴

몸통 앞면

팔 앞면

다리 앞면

2) 뒷면

분장 디자인 계획표 - 전신 뒷면

작품명

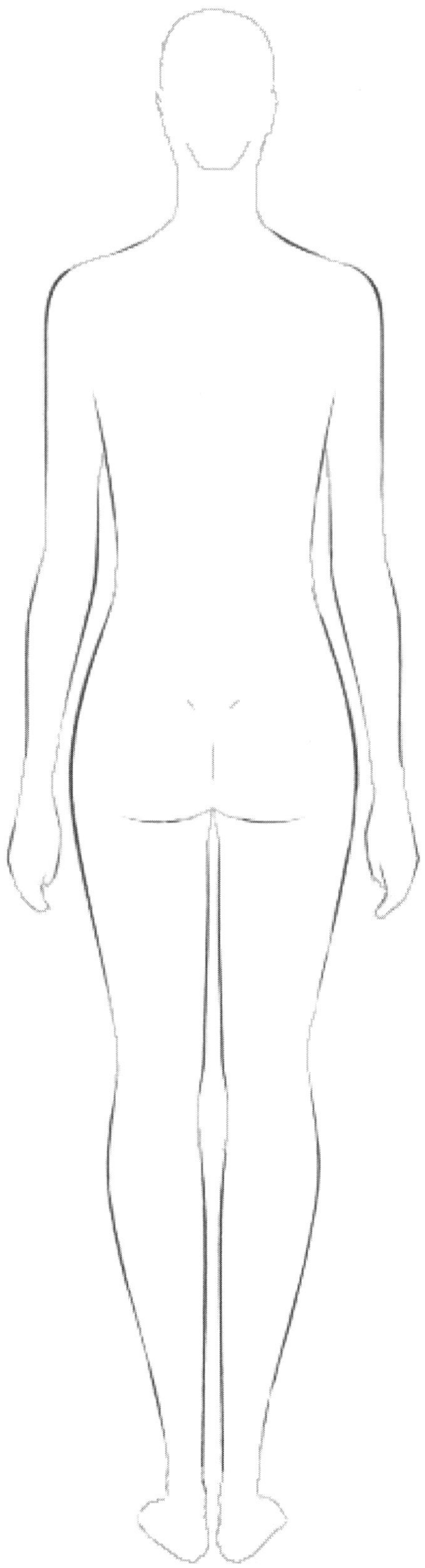

뒤통수

몸통 뒷면

팔 뒷면

다리 뒷면

7. 디자인 제작 과정표

디자인 제작 과정표				
제작 과정 1				
도구		물감		
이미지 삽입				
제작 과정 2				
도구		물감		
이미지 삽입				
제작 과정 3				
도구		물감		
이미지 삽입				

8. 작품 완성

완성 이미지 첨부 정면	
완성 이미지 첨부 좌측면	완성 이미지 첨부 우측면

Lesson 11

에어브러시 디자인7

Air Brush design7

Lesson 11. 에어브러시 디자인7 Air Brush Design7

1. 자료조사

2. 모티브

이름	이미지
	이미지 삽입
	이미지 삽입
	이미지 삽입
	이미지 삽입

3. 디자인 계획표

<table>
<tr><th colspan="3">디자인 계획표</th></tr>
<tr><td colspan="3">작품명:</td></tr>
<tr><td colspan="3">주제 설명</td></tr>
<tr><td colspan="3"></td></tr>
<tr><td>사용 도구</td><td colspan="2">에어브러시 사용 범위</td></tr>
<tr><td rowspan="5"></td><td>에어브러시 메이크업</td><td></td></tr>
<tr><td>아트 메이크업</td><td></td></tr>
<tr><td>바디 페인팅</td><td></td></tr>
<tr><td>특수 분장</td><td></td></tr>
<tr><td>기 타</td><td></td></tr>
<tr><td colspan="3">사용 물감</td></tr>
<tr><td colspan="3"></td></tr>
</table>

4. 마스크 디자인 계획표

마스크 디자인 계획표	
작품명	

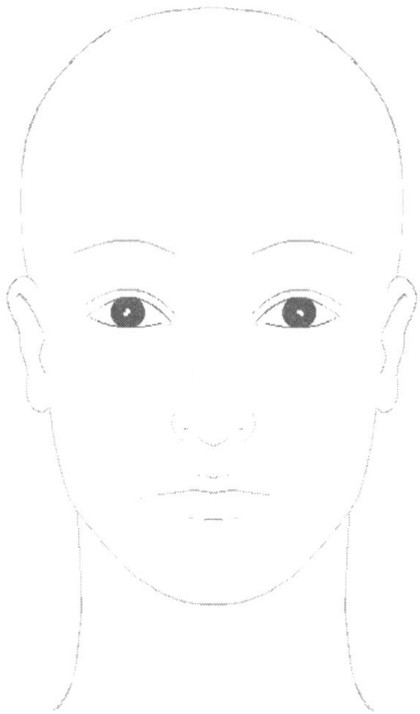

Forehead
Cheek
Base
hair

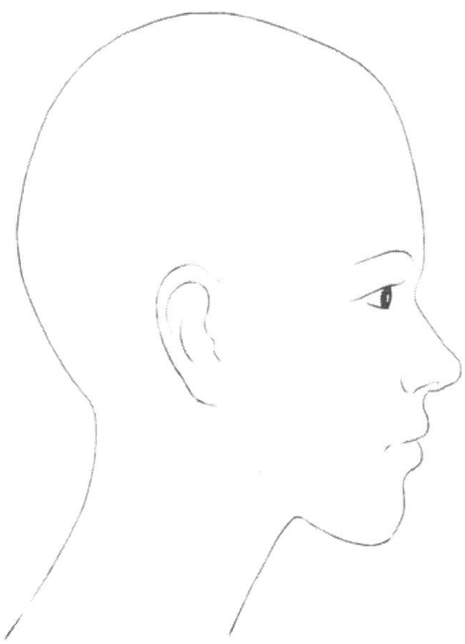

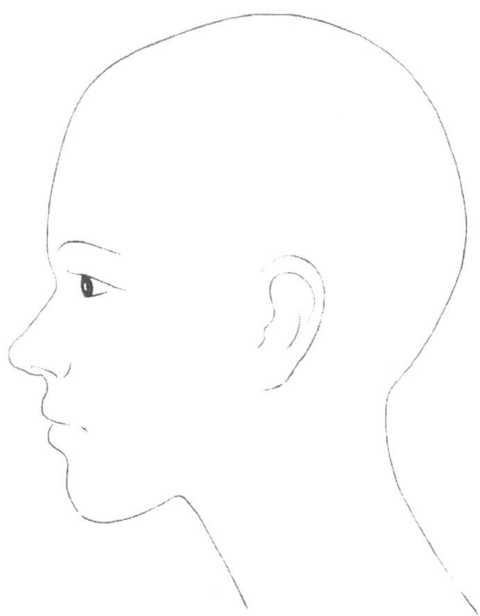

5. 마스크 디자인

1) 정면

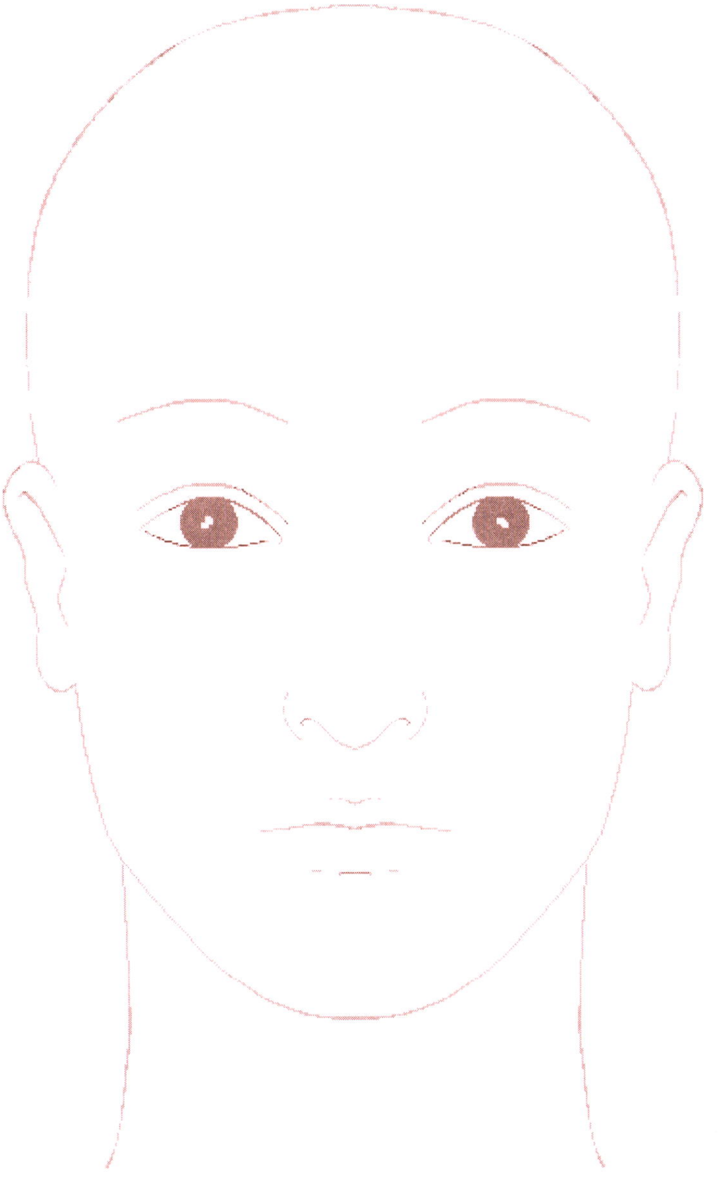

2) 측면

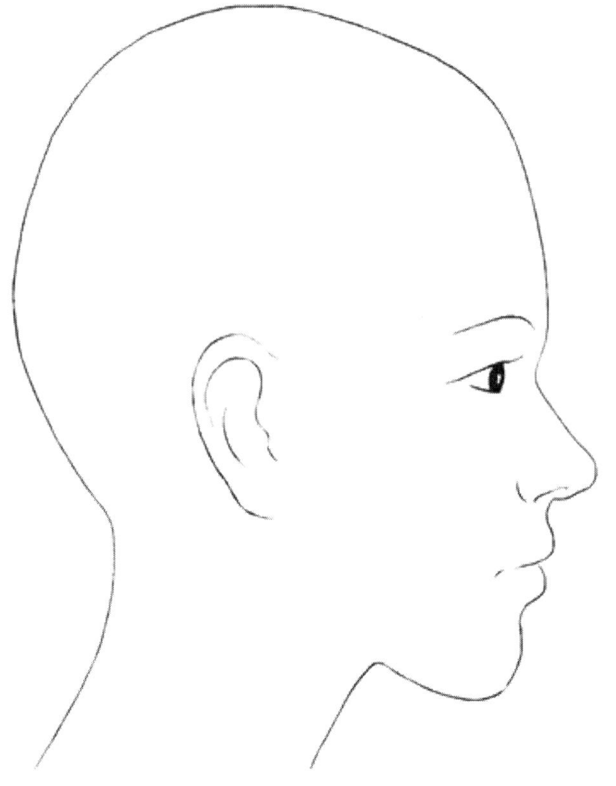

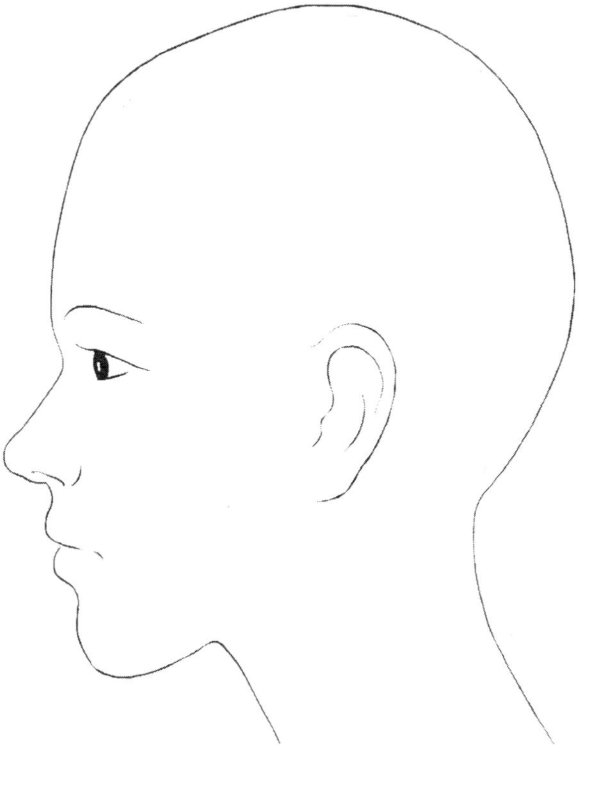

6. 분장 디자인 계획표

1) 정면

분장 디자인 계획표 – 전신 정면

작품명

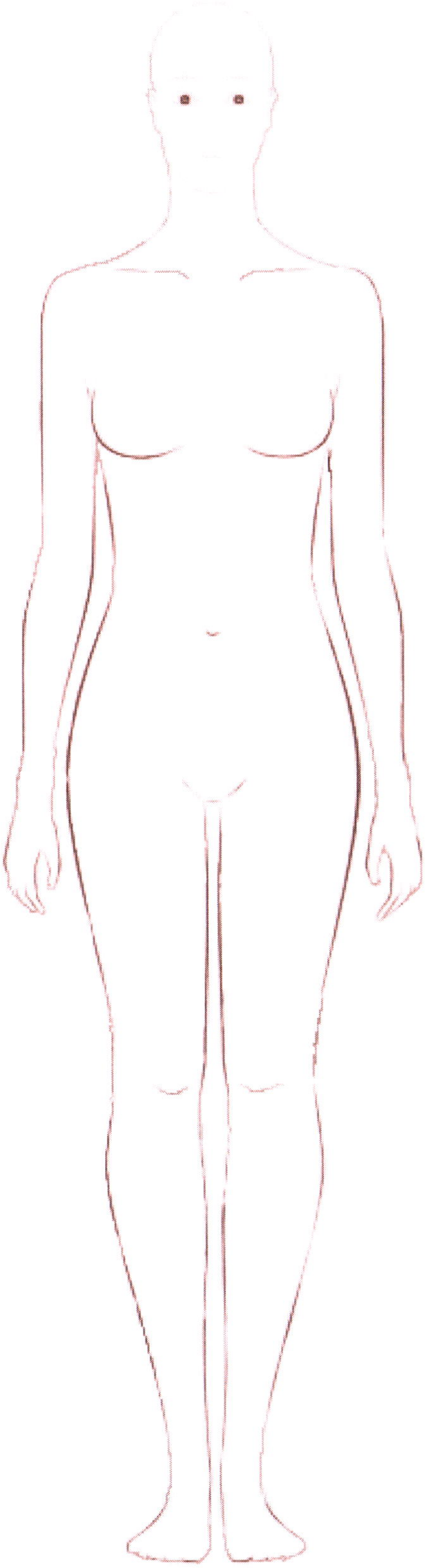

얼굴

몸통 앞면

팔 앞면

다리 앞면

2) 뒷면

분장 디자인 계획표 - 전신 뒷면

작품명

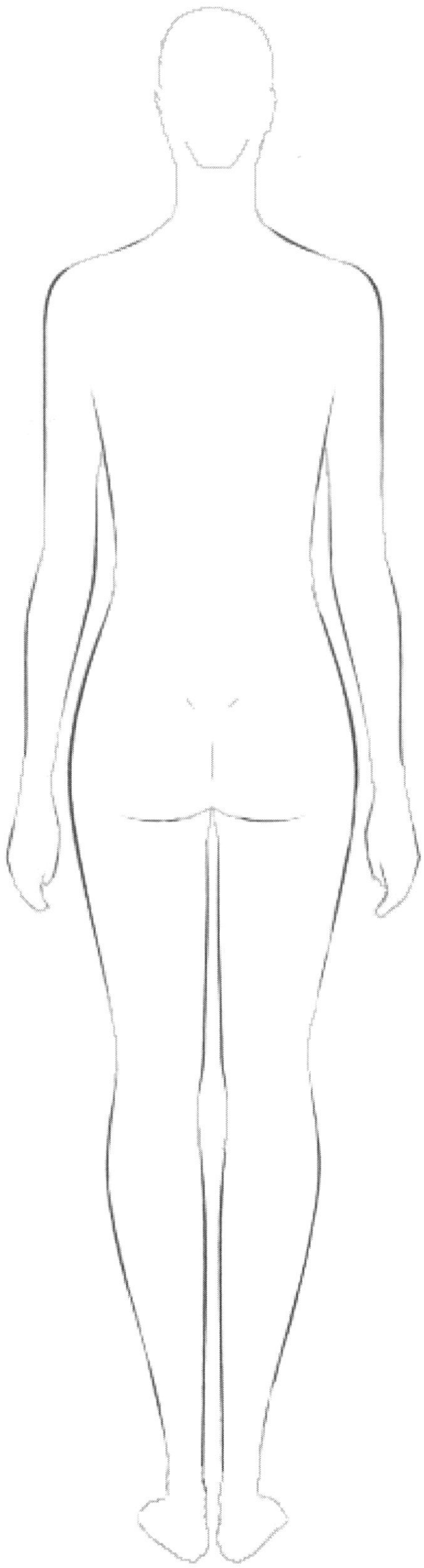

뒤통수

몸통 뒷면

팔 뒷면

다리 뒷면

7. 디자인 제작 과정표

<table>
<tr><th colspan="5">디자인 제작 과정표</th></tr>
<tr><td colspan="5">제작 과정 1</td></tr>
<tr><td>도구</td><td></td><td colspan="3">물감</td></tr>
<tr><td colspan="2" rowspan="3">이미지 삽입</td><td></td><td></td><td></td></tr>
<tr><td></td><td></td><td></td></tr>
<tr><td></td><td></td><td></td></tr>
<tr><td colspan="5">제작 과정 2</td></tr>
<tr><td>도구</td><td></td><td colspan="3">물감</td></tr>
<tr><td colspan="2" rowspan="3">이미지 삽입</td><td></td><td></td><td></td></tr>
<tr><td></td><td></td><td></td></tr>
<tr><td></td><td></td><td></td></tr>
<tr><td colspan="5">제작 과정 3</td></tr>
<tr><td>도구</td><td></td><td colspan="3">물감</td></tr>
<tr><td colspan="2" rowspan="3">이미지 삽입</td><td></td><td></td><td></td></tr>
<tr><td></td><td></td><td></td></tr>
<tr><td></td><td></td><td></td></tr>
</table>

8. 작품 완성

완성 이미지 첨부 정면	
완성 이미지 첨부 좌측면	완성 이미지 첨부 우측면

Lesson 12

에어브러시 디자인8

Air Brush design8

Lesson 12. 에어브러시 Air Brush

1. 자료조사

2. 모티브

이름	이미지
	이미지 삽입
	이미지 삽입
	이미지 삽입
	이미지 삽입

3. 디자인 계획표

<table>
<tr><th colspan="3">디자인 계획표</th></tr>
<tr><td colspan="3">작품명:</td></tr>
<tr><td colspan="3">주제 설명</td></tr>
<tr><td colspan="3"></td></tr>
<tr><td>사용 도구</td><td colspan="2">에어브러시 사용 범위</td></tr>
<tr><td rowspan="5"></td><td>에어브러시 메이크업</td><td></td></tr>
<tr><td>아트 메이크업</td><td></td></tr>
<tr><td>바디 페인팅</td><td></td></tr>
<tr><td>특수 분장</td><td></td></tr>
<tr><td>기 타</td><td></td></tr>
<tr><td colspan="3">사용 물감</td></tr>
<tr><td colspan="3"></td></tr>
</table>

4. 마스크 디자인 계획표

마스크 디자인 계획표	
작품명	

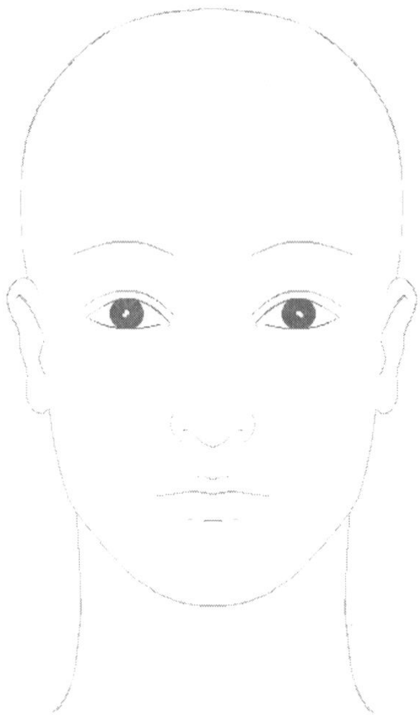

Forehead

Cheek

Base

hair

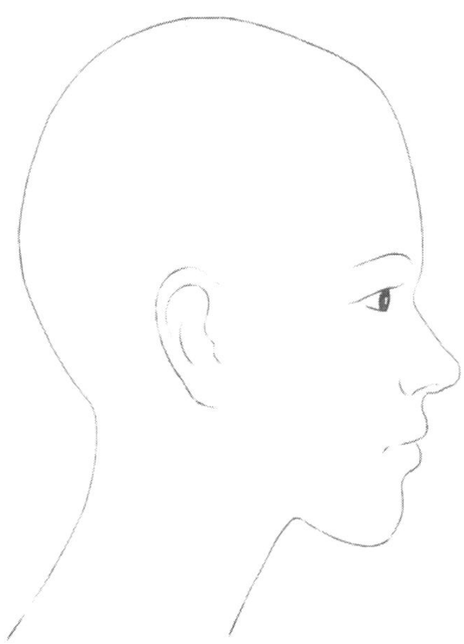

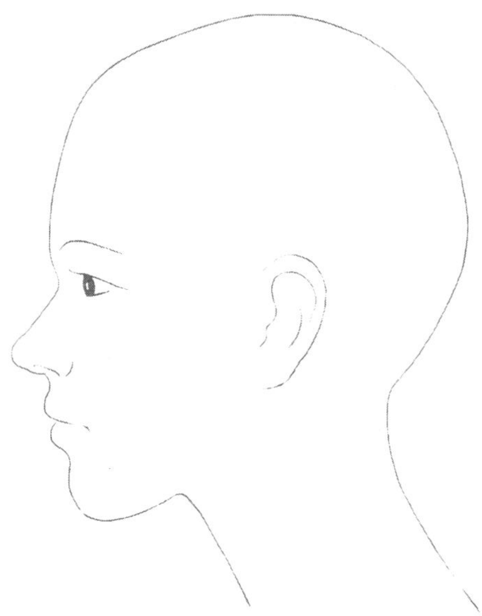

5. 마스크 디자인

1) 정면

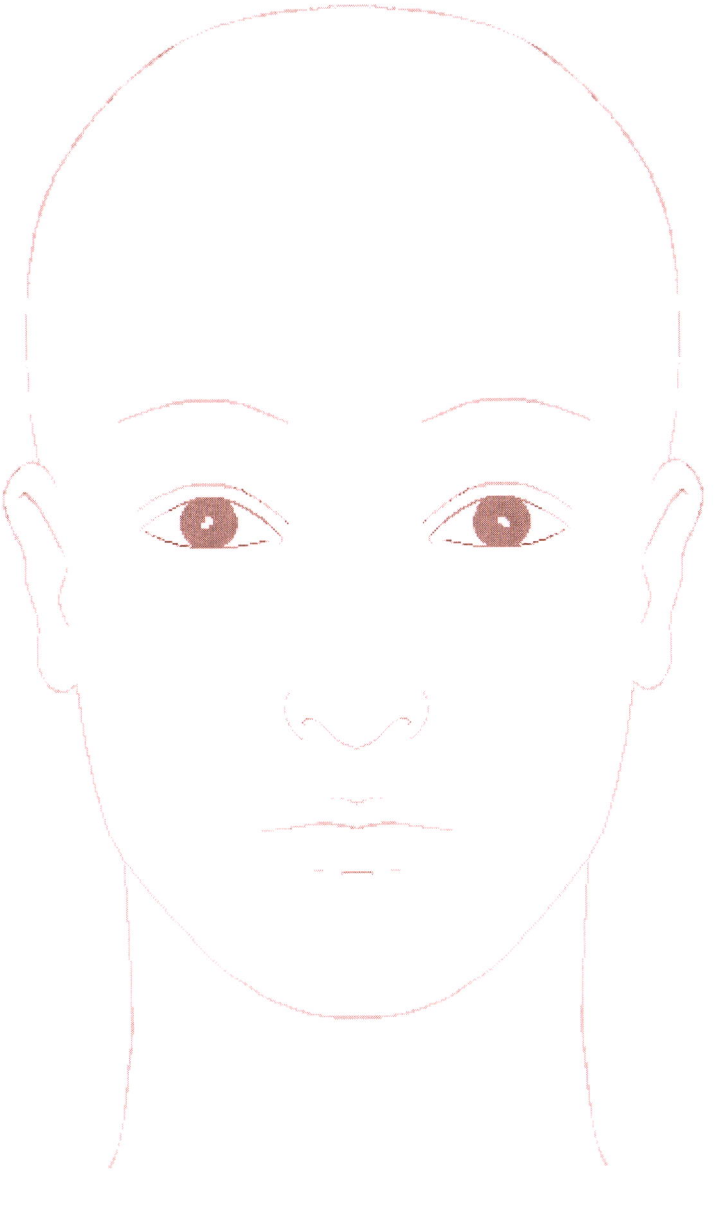

2) 측면

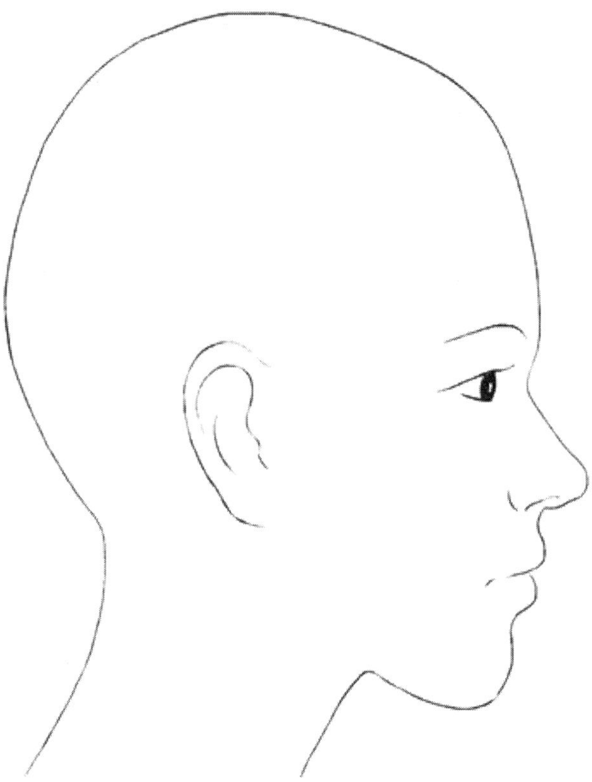

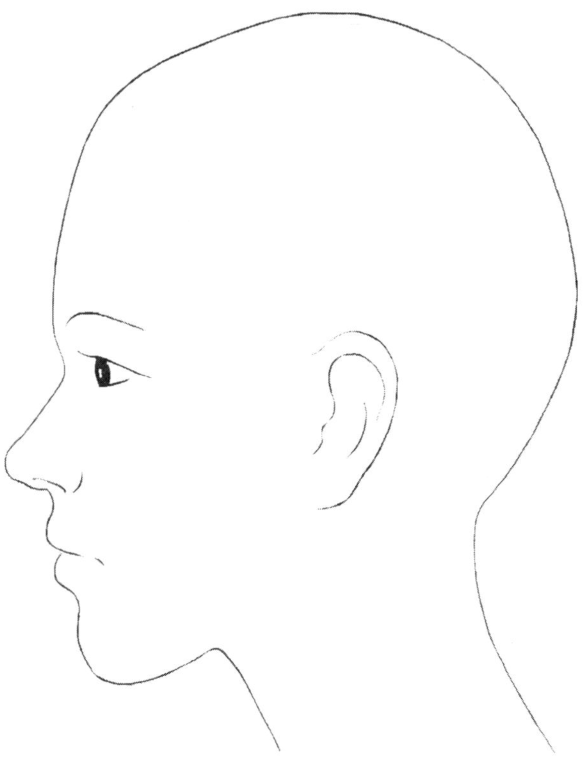

6. 분장 디자인 계획표

1) 정면

분장 디자인 계획표 – 전신 정면

작품명

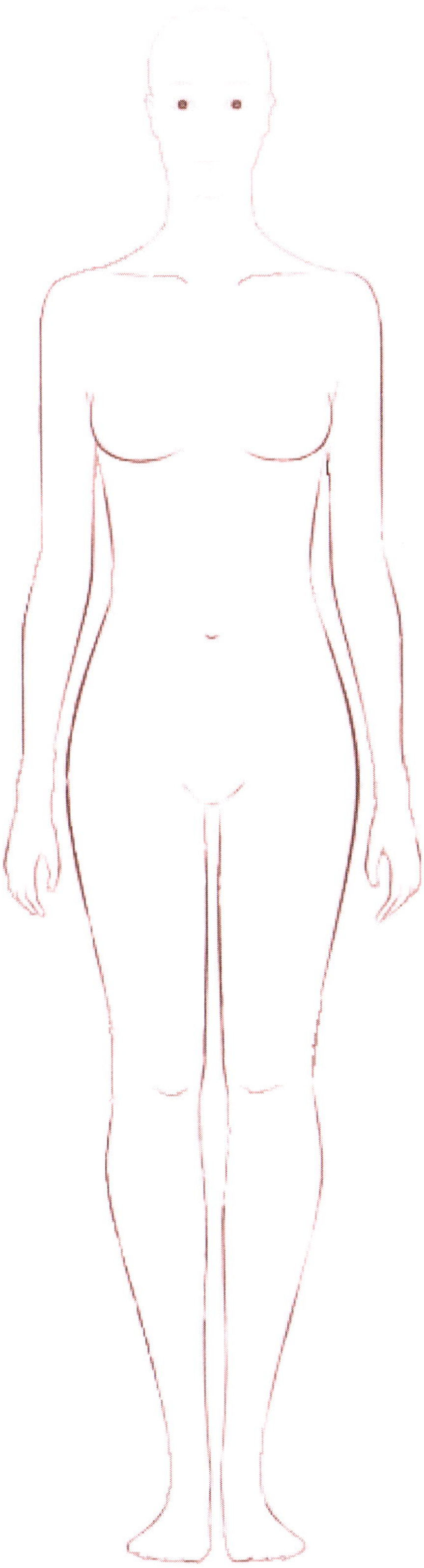

얼굴

몸통 앞면

팔 앞면

다리 앞면

2) 뒷면

분장 디자인 계획표 - 전신 뒷면

작품명

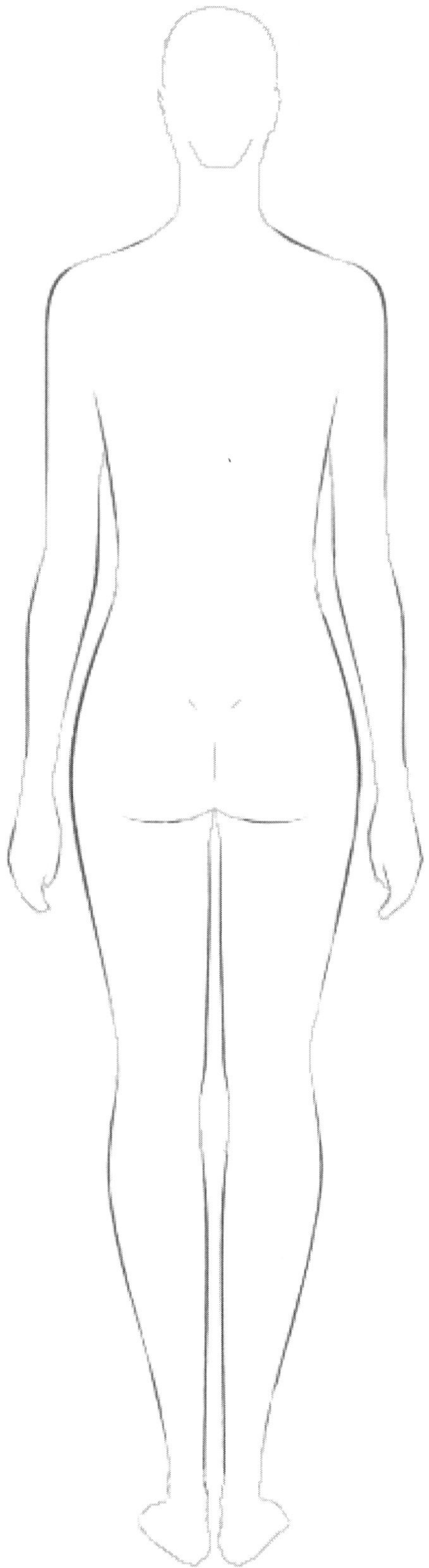

뒤통수

몸통 뒷면

팔 뒷면

다리 뒷면

7. 디자인 제작 과정표

<table>
<tr><th colspan="5">디자인 제작 과정표</th></tr>
<tr><th colspan="5">제작 과정 1</th></tr>
<tr><td>도구</td><td></td><td colspan="3">물감</td></tr>
<tr><td colspan="2" rowspan="3">이미지 삽입</td><td></td><td></td><td></td></tr>
<tr><td></td><td></td><td></td></tr>
<tr><td></td><td></td><td></td></tr>
<tr><th colspan="5">제작 과정 2</th></tr>
<tr><td>도구</td><td></td><td colspan="3">물감</td></tr>
<tr><td colspan="2" rowspan="3">이미지 삽입</td><td></td><td></td><td></td></tr>
<tr><td></td><td></td><td></td></tr>
<tr><td></td><td></td><td></td></tr>
<tr><th colspan="5">제작 과정 3</th></tr>
<tr><td>도구</td><td></td><td colspan="3">물감</td></tr>
<tr><td colspan="2" rowspan="3">이미지 삽입</td><td></td><td></td><td></td></tr>
<tr><td></td><td></td><td></td></tr>
<tr><td></td><td></td><td></td></tr>
</table>

8. 작품 완성

완성 이미지 첨부 정면	
완성 이미지 첨부 좌측면	완성 이미지 첨부 우측면

Air Brush

2022년 10월 10일 초판 인쇄
2022년 10월 20일 초판 발행

지은이 : 임희경, HUO TAO, WU ENPENG

펴낸이 : 이상태
펴낸곳 : 청구문화사
주 소 : (03706) 서울특별시 서대문구 성산로11길 15
전 화 : 02) 332-0541(代) FAX : 02) 337-9577
등 록 : 1990년 11월 2일 제9-247호

정가 15,000원

ISBN 978-89-5616-899-9 93590